LA CUISINE CORÉENNE ILLUSTRÉE

圖繪韓國料理

露娜·京(Luna Kyung)————著

安芝(Ahnji)——繪　黃意閔——譯

SOMMAIRE 目次

本書收錄的所有食譜皆為4人份。

LA CUISINE CORÉENNE
韓國料理

LES PLATS DU QUOTIDIEN
家常料理

LA FERMENTATION
發酵食品

PÂTES ET NOUILLES
麵食

PLATS PHARES ET FESTIFS
名菜與節慶餐點

LA CUISINE PAR THÈMES
主題式料理

PÂTISSERIES ET BOISSONS
甜點和飲品

INDEX
食材索引

한국의 요리

韓國料理

LA CUISINE CORÉENNE

對韓國人來說，「손맛（son-mat）」就字面上而言，是「手風味」的意思，而這在韓語裡是高度讚賞一道料理很成功的說法。也是確認一道好的料理是否擁有料理者印記的方式，就像是料理者的落款般。這個概念也勾勒出了人與料理間連結、分享的重要性。

若說韓國的企業以其活躍性著稱，那麼韓式料理所提供的，就是在這樣追求速度和效率的文化下，保有自然的韻律並延續傳統，餐飲業重視的是心靈層面，追求讓賓客更貼近自然、擁有社交生活，同時承諾予以賓客平靜的片刻。

LA COMPOSITION DES REPAS
一餐的組成

在韓國，所有的餐點是同時上桌的，人們交替享用米飯、湯和配菜。

가족식사

韓國的家庭餐桌上，有飯、湯，還有小菜。辛奇（韓式泡菜）則是隨處可見，且有許多種類，可以加在魚類或肉類的主菜裡。一般來說，一餐有三分之二的分量是蔬菜。韓國沒有飯後吃甜點的習慣，通常是餐後會吃些水果，儘管現今新世代甜食的攝取量比以前多，這習慣仍舊維持著。

早餐

韓國的早餐幾乎和午餐一樣豐盛。
內容包含了，如：豆飯、牛肉海帶湯、白
菜辛奇、煎蛋捲、櫛瓜小菜、辣炒鰮魚小
魚乾和水果。

午餐

大醬湯、白飯、白蘿蔔辛奇、醬醃蒜頭、
烤魚、菠菜小菜、醬燒豆腐、烤海苔等。
許多人午餐採外食，在學校或公司的餐
廳用餐，因此能輕易地找到提供定食（백
반，baekban）的餐廳，指的是家常菜套
餐，包含米飯、湯和小菜。

晚餐

韓國傳統套餐的組合包含五穀雜糧飯、
黃豆芽、白菜辛奇、水辛奇、烤牛肉、
生菜和紫蘇葉、各式醬料（辣椒醬及包
飯醬）、涼拌蔥絲、醬煮蓮藕、菇類小
菜等。
晚餐經常是和家人一起用餐的，只不過家
族成員鮮少全數到齊，因為父母雙方都有
工作，孩子則是補習到很晚。

LES SPÉCIALITÉS RÉGIONALES
地方特產

한국의 지역 특산품

因為半島地形的關係，海產幾乎和陸地產的食物一樣多。

除此之外，在22萬平方公里的面積裡，有70%都是山林，提供了大量且豐富的山產和林產食物。從1953年起，被分為南韓和北韓兩國。雖然傳承的料理方式是一致的，但因為南韓對世界持開放態度，所以料理的演進還是比北韓多。

白頭山沼地藍莓酒

發酵比目魚（發酵的比目魚和白蘿蔔）

馬鈴薯餃子

炸明太魚（P.87）

白頭山

Hamgyong 咸鏡北道

咸鏡

咸興冷麵（P.108）

金剛山素菜（P.92）

江界葡萄酒

牛腹錚盤（蔬菜肉鍋）

Kanwon 江原道

包捲辛奇

Pyongan 平安道

片水（P.109）

平壤冷麵（P.108）

大同江啤酒

Huanghae 黃海道

文林酒（燒酒，P.125）

8

江陵豆腐

蝦子

魷魚

忠武海苔海苔飯捲&辣魷魚

平昌薯酒

松茸

安東燒酒

英陽辣椒

海帶芽

慶尚道 GyeongSang

橡子涼粉（P.45）

江原道 Gangwon

（P.76）

黃豆糙米

紅棗

葡萄

大蒜

柚子

鱈魚

蔘雞湯（P.77）

忠清道 ChungCheong

鯷魚

海苔

黑豬肉

蕎麥蘿蔔煎餅

綠豆煎餅（P.79）

錦山蔘

慶州拌飯 金州

淳昌辣椒醬（P.56）

全羅道 Jeolla

水梨

馬格利酒

水原燒肉

杜鵑酒

清麴醬（P.57）

醬油蟹（P.88）

蝦醬醬

珍島紅酒

水拌生魚片（P.95）

濟州 Jeju

馬頭魚

西歸浦橘

小米酒

生蠔

9

LA PHILOSOPHIE DES 5 COULEURS
五色哲學

道家是最古老的著名哲學之一，而道家最主要的精神就是「平衡」，韓國文化受其影響甚深。五行的理論，就是以五種自然元素延伸成多種色彩的餐點，也就是五方色：黑色（水）、藍色（木）、白色（金）、黃色（土）、紅色（火）。不過多數餐點都以綠色取代藍色。

為菜餚裝點顏色的配菜（或稱菜碼），在韓語中稱為「고명（gomyeong）」，比方說：蛋白代表白色、蛋黃代表黃色、深色菇類代表黑色、辣椒或紅棗乾代表紅色、芹菜和蔥則代表綠色。

미나리강회 水芹菜捲

오방색

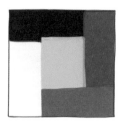

五方色的五種顏色。五方色的概念應用在料理上即是種裝飾點綴餐點的方法，就像是「蛋糕上的櫻桃」那樣。

拌飯是個很好的例子。鋪在飯上的配料可以自由變化，進而增添多種色彩。

GOMYEONG 裝飾配菜 고명

製作這些裝飾性的素材，需要精細的刀工。切成細條狀、切絲、切塊、切成菱形或切末，是比較常見的作法。

經常使用的食材
綠色：銀杏果、水芹菜、櫛瓜或黃瓜的皮、蔥。
黃色：蛋黃、瓜類、松花粉、梔子果實。
白色：蛋白、松子、生栗子、水梨、白芝麻。
黑色：菇、海苔、蕨菜乾、黑芝麻、肉類。
紅色：辣椒、紅棗乾、雞冠花、胡蘿蔔、蝦類。

裝飾配菜的刀工技巧範例

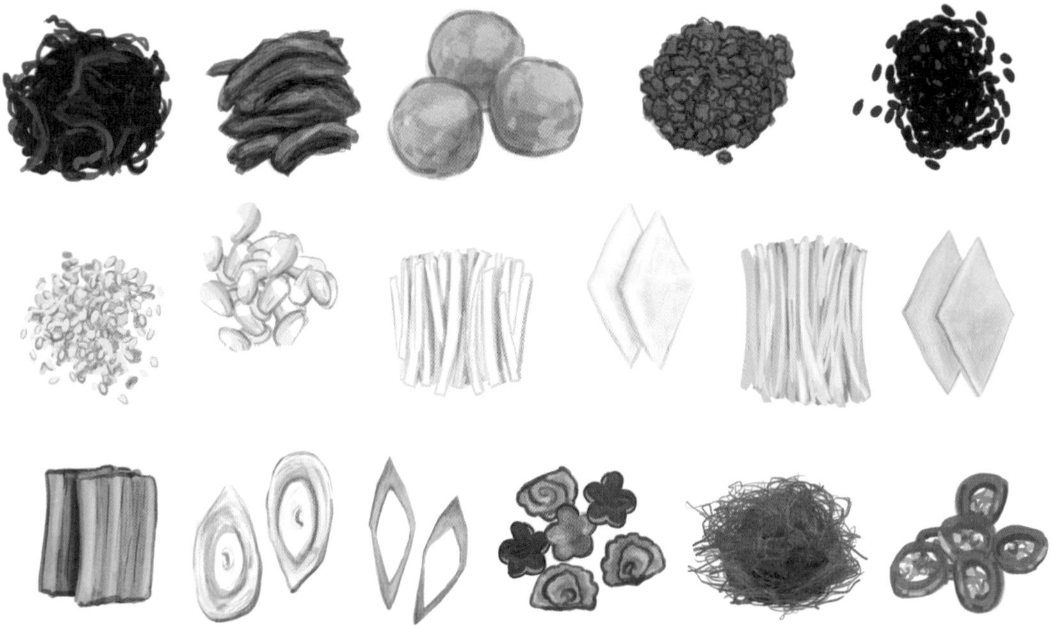

달걀 지단

蛋黃絲、蛋白絲

將蛋黃或蛋白，切成條或菱形。在鍋裡小心地將蛋黃和蛋白分開以油煎煮，以小火煎煮避免上色。接著切成寬0.3公分的細絲，或切成2公分大小的菱形。

LES RÈGLES DE SAVOIR-VIVRE
餐桌禮儀

식사 예절

韓國儒家的傳統中，對於餐桌禮儀有著嚴格的規定，這些規定關乎長幼之間、祖先與後代子嗣之間，甚至是男人與女人之間的關係。以前男人是獨自在餐桌上用餐的，而女人，除了貴族之外，都是和孩子們一起用餐的。從20世紀中葉起，隨著全國性的戰後經濟限縮運動，開始了新的習俗：一家一餐桌，而且不鏽鋼餐具也改成依據特定規格，統一標準化製作（為了節省米糧）。韓國人一直到近期，才擺脫了這些規定。

基本禮儀

與長者相處的禮節

- 等年紀最大的長者先開動，或是獲得長者允許後再開始用餐。
- 離開餐桌時也要取得年紀最大的長者的同意。
- 以雙手斟酒或捧杯接受，接受斟酒時須同時出聲道謝。

正確的握筷方式

젓 가락

고맙습니다.
（謝謝）

- 食用米飯和湯時使用湯匙，筷子保留給其他餐點。
- 使用湯匙時先放下筷子，反之亦然。
- 湯匙必須置於筷子的左邊。

湯匙拌飯時，應從邊緣開始拌起，不能從飯的中間直接拌。

吃飯的坐姿要端正。

餐桌禁忌

- 以口吹涼熱騰騰的餐點。必須要等到餐點自然降溫至適合食用的溫度。
- 擤鼻涕或打嗝。
- 酒杯尚未見底便斟酒。
- 敲打餐具。

在祭祀祖先以外的情況，將餐具插在飯碗中央。

單手同時握著湯匙和筷子。

將碗盤端起，離開桌面（像是中國或日本那樣，將飯碗捧在手中吃，而非放在桌上享用）。

VAISSELLE ET USTENSILES
餐具與器皿

韓國古代的陶瓷與合金的技術已經相當純熟，因而造就了豐富且多元的餐桌藝術。不論是白瓷或青瓷的美，在行家間皆負有盛名。

식기　餐具和全套擺設

餐桌擺設

도자기
瓷器
一年四季皆宜。

수저
湯匙&筷子
總是擺在一起成對使用。韓國是唯一使用金屬筷子的國家。

칠기
漆器
佛寺僧侶較常使用。

방짜유기
銅製器皿（銅錫合金）
冬季用的餐具，具有良好保溫特性。

다구
茶具

소반　小盤桌
漆器矮桌。

대접
湯碗
不鏽鋼大碗，用來裝盛麵條或麵糰類湯品。

뚝배기
砂鍋
燉煮料理用的土製鍋具。

돌솥
石鍋
石鍋拌飯用的石製鍋具。

器皿與設備

夾子&剪刀
拿來剪肉類和延展性佳
的麵條。

용기

甕
陶土製容器,特點是「能讓
盛裝的食物呼吸」,這是歸
功於陶土和所使用的特殊釉
彩,對於醃漬發酵食品來說
是很理想的盛裝容器。

전골냄비

寬口鍋
韓式火鍋專用。

절구
石臼
適合用來搗碎蒜頭。

불고기 불판

烤肉銅盤
韓式烤牛肉專用的銅盤

가스버너

卡式爐
直接在餐桌上烤肉或煮
火鍋適用。

석쇠

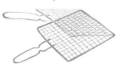

烤網
烤海苔、肉類或魚適用。

김치 냉장고와 용기

辛奇冰箱、儲藏窖
辛奇專用的冰箱或儲藏箱,
這樣的冰箱能打造辛奇發酵
時所需要的理想條件。

채반

竹編托盤
瀝乾用的篩子。

容器
醃漬發酵用。

LES PRODUITS DE BASE
基本食材

這些是韓國料理最常使用的食材。

大白菜

醃製辛奇不可或缺的食材。

白蘿蔔

亞洲白蘿蔔味道比黑蘿蔔溫和，口感較粉紅色蘿蔔扎實，是最常使用的蔬菜之一。

黃豆芽

是僅次於辛奇，食用量最多的蔬菜。通常用來煮湯、涼拌或做成溫沙拉。

水芹菜

用來加在魚湯裡的香料，製作多元料理時，也能當作細繩使用（例如：菜包飯之類的福袋料理、花束等）。

艾草

香料植物，可用於製作鹹食餐點和甜食的綠色素材。

紫蘇葉

香氣十足，經常搭配烤肉食用。

大蒜&蔥

這兩樣是韓式料理中最常使用的香料，除了寺院料理之外，在日常生活中，幾乎無所不在。

生薑

冬季用的香料，可以拿來泡茶或製成酵素，醃製辛奇時也會用到。

辣椒

紅辣椒或青辣椒。

辣椒粉&辣椒絲

辣椒是韓國使用的香料中最晚傳入的，但是所有韓國著名的料理都有辣椒的蹤跡，尤其是所有辛奇中最著名的白菜辛奇。

멸치

鯷魚乾

用來燉煮高湯或醬煮
料理。

 김

海苔

可烘烤食用或直接
原味配飯食用。

다시마

昆布

用來燉煮高湯或製作
菜包飯料理。

미역

海帶芽

生食或熟食皆可，加在湯
品裡或涼拌沙拉中食用。

표고버섯

香菇

香氣濃郁、可搭配肉類烹煮
或加入高湯中。

  깨

芝麻

烘焙的黑或白芝麻粒。能
為料理增添堅果香氣，也
能作為裝飾使用。

잣

松子

直接使用整顆種子、乾燥磨成粉
或是做成醬汁，能為料理增添奶
香風味。

대추

紅棗

紅棗乾，近似蘋果的風
味，能為鹹食餐點或甜
品帶來甘味。

은행

銀杏果

烘烤或煮熟後食用，
也被用來製作成餐點
的裝飾。

감

柿子

和水梨、蘋果並列為韓
國最常食用的三大水
果，這些水果也常被用
來添加在辛奇中。

배

水梨

和法國的西洋梨比起
來，口感較清脆，味道
也比較清爽。

석류

石榴

用來製作飲品，也用於添加
在辛奇中。

유자

柚子

用於添加在辛奇中，也能製作成
醬汁，搭配鹹食餐點或甜品。

 오미자

五味子

通常是以果乾的型態加入甜
點中。

CONDiMENTS ET SAUCES
調味醬料與沾醬

大部分的調味醬料都是添加鹽的發酵品，在料理的時候交替使用。差別在於製作方法，是採傳統古法釀造或是以工業化生產。相異處不僅僅是品質優劣，還有發酵採用的菌種。比方說傳統古法釀造的醬油風味就和工業化生產的大相逕庭。對於傳統料理來說，還是會採用風味較濃郁的古早味調味醬料。

調味醬料 양념

재래 된장

傳統大醬

遵循古法發酵的黃豆醬。

재래 간장

傳統醬油

遵循古法釀造的醬油，其中清醬呈淡黃色（P.55，因為發酵時間較短）。

새우젓 / 액젓

蝦醬
（蝦子發酵製成）
&魚露
（魚製成的醬料）
風味濃郁的調味料。

고추장

辣椒醬

遵循古法，加入辣椒發酵的黃豆醬。

참기름 / 들기름

麻油&紫蘇油

這兩種是韓式料理最常使用的香油，也是韓式料理特有風味的來源。

된장

大醬
（工業化量產）

간장

醬油
（工業化量產）

고추장

辣椒醬
（工業化量產）

매실청

梅子醋

製作鹹食時，使用的濃縮梅精。

식초

米醋

純米釀造的醋。

조청

大米糖漿

米製成的糖漿，用來製作甜食或增加甜味。

調味沾醬

將標示的食材全部混合在一起。

양념장

調味醬油
用於拌飯或原味的豆腐菜餚。

양념간장

- 5大匙醬油
- 1大匙蜂蜜
- 1大匙麻油
- 2小匙蔥花
- 1小匙蒜末

加醋醬油
用於搭配炸物或餃子。

초간장

- 50ml醬油
- 50ml米醋

調味辣椒醬
用於拌飯。

양념고추장

- 80g辣椒醬
- 30ml水
- 1大匙糖
- 1大匙麻油
- 2小匙醬油

加醋辣椒醬
用於搭配生魚片或海鮮。

초고추장

- 3大匙辣椒醬
- 3大匙米醋
- 1½大匙糖
- 1大匙水

包飯醬
用於搭配原味或醃漬的烤肉，還有菜包飯料理。

쌈장

- 5大匙大醬
- 2½大匙辣椒醬
- 1大匙芝麻油
- 1大匙水
- ½大匙糖
- 2小匙搗碎的烘烤芝麻粒
- 1小匙蒜末

調味大醬
（加入蔬菜的發酵大醬）

用於菜包飯料理和配飯。

강된장

- 切碎8朵香菇、1條櫛瓜、1顆洋蔥、4根青辣椒、9瓣蒜片。
- 加入2大匙紫蘇油拌至出水，再加入2大匙大醬、2大匙辣椒醬、2大匙蜂蜜和80ml的水。
- 烹煮至蔬菜熟透軟嫩。

加鹽麻油
用於搭配原味（未經醃漬）的烤肉還有烤香菇。

기름장

- 1大匙鹽之花
- 1大匙麻油
- 胡椒

芥末醬（甜口味）
用於搭配沙拉。

겨자장

- 70g蘋果泥（或水梨泥）
- 6大匙米醋
- 2大匙松子粉
- 1大匙蜂蜜
- 3小匙黃芥末
- 鹽

韓國料理慣用語

韓語中，用來描述感覺的非正式形容詞和字彙相當豐富。就料理的領域來說，有許多狀聲詞和感嘆詞是能夠傳遞食物風味、口感和情緒感受等訊息的。

描述調味

밍밍（ming-ming）：指料理鹽放不夠，導致沒什麼味道（比「seum-seum」更沒味道）。

슴슴（seum-seum）：清淡少鹽，讓人更能吃到食材原有的自然風味。風味清淡的概念在亞洲相當著名，就像是無鹽的白米飯，口味清淡的同時卻更能感受到細緻的滋味。

삼삼（sam-sam）：鹹度恰到好處。

짭짭（jjap-jjap）：稍微有點過鹹，但尚可接受。

描述口感

아삭아삭（asak-asak）：指的是富含水分而輕盈、口感清脆的食材（例如黃瓜、生菜等）。

아싹아싹（assak-assak）：指富含水分而厚實、口感爽脆的食材（扎實的蔬菜，如胡蘿蔔）。

바싹바싹（ba-ssak-ba-ssak）：酥脆、質輕，恰到好處的脆度，會掉小碎屑（例如剛出爐的餅乾）。

푸석푸석（phou-seok-phou-seok）：食物脆化成碎屑（乾掉的麵包碎成粉）。

고슬고슬（go-sseul-go-sseul）：用來形容圓米煮得恰到好處，不會太濕或過於軟爛。

푸슬푸슬（phou-sseul-phou-sseul）：用來形容長米水分不夠，飯粒黏性不足。

말랑（mal-lang）：讓人覺得愉悅的，柔軟但保有彈性的口感（例如新鮮吐司）。

물렁（moul-leong）：口感軟，但不見得是令人愉悅的，像燉爛的蔬菜（例如過熟的桃子）。

쫄깃（tchol-guit）：像柔軟但保有彈性的年糕，留有嚼勁。

질깃（gil-guit）：如橡膠般嚼勁十足的肉，或是滿是纖維的菜梗。

描述樣貌型態

●關於切

송송（song-song）：切得非常細（例如切細蔥花）。

숭숭（sung-sung）：切大段（例如切蔥段）。

숭덩숭덩（sung-deong-sung-deong）：將軟的食材切成大塊（例如切紅酒燉牛肉的肉塊）。

●關於煮

보글보글（bo-geul-bo-geul）：稍微沸騰，比冒小氣泡再劇烈一些。

부글부글（bou-geul-bou-geul）：完全沸騰時，冒大氣泡的咕嚕聲。

지글지글（ji-geul-ji-geul）：鍋內覆蓋一層油，煎的時候滋滋作響。

●關於蒸

모락모락（mo-lak-mo-lak）：熱氣蒸騰（像米飯剛盛進碗裡時那樣）。

무럭무럭（mou-leok-mou-leok）：從大鍋冒出來的強烈蒸氣。

描述氣味和動作

폴폴（pol-pol）：些許氣味，通常是令人愉悅的，味道漸濃但不讓人覺得噁心（像烤麵包的香氣）。

풀풀（poul-poul）：令人不快且顯著的氣味，比較濃烈刺鼻（像腐敗的氣味）。

솔솔（sohl-sohl）：慢慢且輕輕地撒入粉狀的物品（例如謹慎地撒鹽）。

술술（souhl-souhl）：豪邁且率性地把東西從大開口的容器中倒出來。

EXPRESSIONS DE LA CUISINE CORÉENNE

맛있는 의성어, 의태어

ji-geul-ji-geul
滋咕滋咕

지글지글

gil-guit 嘰起

질깃

tchol-guit 啾起

쫄깃

Soung-Soung 咻咻

송송

bo-geul-bo-geul 啵咕啵咕

보글보글

song-song 窣窣

송송 窣窣

sung, deong-sung-deong 啾咚啾咚

승덩승덩

穆落穆落
Mou-leok-Mou-leok

무럭무럭

噗咕噗咕
bou-geul-bou-geul

부글 부글

mo-lak-mo-lak

모락모락

摩剌摩剌

21

LES MARCHÉS TRADITIONNELS

傳統市場

韓國的其中一個特色，就是現代與傳統並存。儘管現代化的購物中心無所不在，但傳統市場仍舊深受大眾喜愛。人們喜歡市場的人情味：個性鮮明的攤販們、散裝零售還有可議價等特質。當然，各式各樣的攤位還有行動攤車上的糖果點心也是不可或缺的。即使是在首爾，還是存在著許多傳統市場，例如南大門市場和東大門市場。有些市場屬於專賣性質，像是專門賣草藥的京東市場，或是以海產著稱的鷺梁津水產市場。

AU RESTAURANT
식당
餐廳

韓國的餐廳通常是專賣店：燒烤、豆腐、海鮮等。酒館也提供許多菜色供享用。嚴格說來，多數時候餐廳僅為填飽肚子的地點，並非像法國那樣，屬於開放式的社交場合。事實上，韓國人比較習慣群聚在私人空間（包廂）裡用餐，尤其是在奢華的餐廳用餐時，更是如此。

고깃집

燒烤專門店的桌子都配有內崁式火爐，還有伸縮式排煙管。即使店員能給予協助，多數顧客還是會自行烹調肉品、決定熟度。

POCHA
路邊攤　포차

叮咚

餐廳的桌上，經常可以看到一
個用來請求服務的按鈕。假如
餐廳服務人員沒有送上餐具，
可以看看桌下，餐具可能在抽
屜裡。

韓國市中心的路邊攤稱為「포차（pocha）」，本來就
受歡迎又便宜，現在更成了年輕人的潮流，深受年輕
人喜愛。

在傳統韓式餐廳裡，人們盤腿
而坐或是坐在椅子上用餐。

有些熱炒店已經不再是路邊攤了，卻還是保留
原來路邊攤的裝潢，人們於此飲酒、享用配菜
還有「粉食」（見P.67）。

25

LA CORÉE, PARADIS DE LA LIVRAISON
外送天堂－韓國

韓國社會的特色就是人們充滿活力並渴望成功，會花許多時間在職場。為了跟上超快速的生活節奏，讓日常生活較為方便的服務業因而蓬勃發展，其中當然也包含了各式各樣的美食外送服務。

快速的美食外送服務到處都有，即便是無固定地址的戶外開放式空間也能送達。最暢銷的是韓式炸雞。

在首爾的漢江江邊野餐

美食外送宣傳單

便利商店便當

訂購餐盒、便當是很普遍的現象，消費者對於餐點的要求也很高。無論是24小時便利商店或是外送都能找到。

工作型態與服務

在首爾或其他大城市，有許多學生或上班族離鄉背井獨自生活，所以現成可供即食的食品選擇眾多。

即食辛奇

炸醬烏龍麵

（짜파구리，chapa-guri／람동，ram-don）

製作炸醬烏龍麵

取1L的水，煮沸後，倒入一包辣烏龍麵（너구리，neoguri），隔3分鐘後再倒入一包炸醬麵（짜파게티，chapagetti）。麵體熟了之後，保留100ml，將其餘的水倒掉。接著倒入兩包泡麵的調味料，然後拌勻。煎牛肉，再以醬油調味，撒上胡椒接著加進麵裡即可。

本來是年輕人很喜歡的泡麵混搭吃法，現在則是受到各地年齡層的喜愛——多虧了賣座電影《寄生上流》，現在這樣的吃法是全球聞名了。

即食小菜店

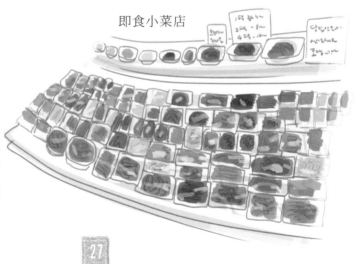

반찬 가게

對於雙薪家庭來說，即食小菜店提供各式小菜，就像自家做的一樣，購買即食辛奇來應急的情況也愈來愈常見。

집밥

家常料理

LES PLATS DU QUOTIDIEN

不同於「前菜→主菜→甜點」的順序安排，韓國的飯桌（반상，bansang）上有著全部的菜色。

本來傳統韓國飯桌的餐點一定會包含米飯、湯品、配菜數量則是3、5、7、9或是12道不同的小菜（반찬，banchan），同時還有沾醬和辛奇（這些是基本的調味醬料）。

但時至今日，這傳統的形式已經較少人遵循，不過典型的家庭餐點還是會有一碗飯、一碗湯、小菜，當然還有不可或缺的辛奇。

RiZ ET CÉRÉALES
밥 米飯與雜糧

米飯（밥，bap）就和素描本的底色一樣，所有的美味和香氣都能置於其上，這份純白樂於擁抱一切，讓美食能彼此相容。米飯的特點就在於它的純粹和低調的存在感，雖然低調，但是對於韓國人來說，如果沒有米飯，那餐根本不能算真正的一餐。韓國料理使用的只有一種米，就是圓米（梗米）。口感鬆軟且濕潤，具有延展性，稍有黏性。糯米也同樣是用圓米的品種（梗糯）。

一碗白米飯放在古早的小盤桌上。

烹煮米飯的步驟

1. 取450g的圓米，仔細搓洗並沖淨5次，接著放在1L的水中浸泡10分鐘後瀝乾。將瀝乾的米放入鍋中，以手測水高，倒水至覆蓋一半手掌的高度，再蓋上鍋蓋。

2. 先用大火將水煮沸，沸騰之後轉成最小的火。烹煮至水分收乾後關火，然後靜置5分鐘（鍋蓋一樣蓋著）。

3. 盛裝至飯碗前，先用沾濕的飯匙翻攪，讓熱氣散出。

4. 煮糯米時，將水量減少10%，然後以同樣的方法烹煮即可。

三種米飯

五穀雜糧飯

除了基本包含的白米、糯米、紅豆、小米和黑豆之外，還可以加入栗子、紅棗或銀杏果。人們會在新年的第一個滿月夜，食用這種米飯，還會搭配前一年收成後儲藏的蔬菜。

豆芽飯

黃豆芽搭配煮熟的白飯，然後淋上調味醬油（見P.19）。

黑豆飯

要烹煮像豆子這種大顆的穀物時，必須預先讓豆子浸泡整夜。浸泡豆子的水富含抗氧化的成分，可用於烹煮米飯。豆子富含蛋白質，可以平衡白飯所含的大量碳水化合物。

LE JUK, PORRIDGE DE RIZ
粥

韓語的「죽(juk)」可以翻譯成「粥」或是「碎米湯」。這道料理可以非常簡單，因為成分只有米飯和水，但同時也是非常講究功夫的料理，因為需要細心燉煮（過濾、混合等）。

JUK 죽

松子粥

南瓜粥加上湯圓

白粥

黑芝麻糊

鮑魚粥

這道粥品鮮味十足，可只取鮑魚肉，也可連同內臟一起烹煮，就更能感受到大海的鹹味。

白粥

1 取200g的米洗淨，浸泡在1.5L的水中2小時。

2 米連同水一起大火烹煮，沸騰後轉小火，烹煮的同時規律攪拌，直至米粒糊化。

3 食用時加入以麻油和烘烤芝麻粒特調而成的醬油。

黑芝麻糊

1 取160g的米洗淨，浸泡在600ml的水中2小時。

2 將80g的黑芝麻洗淨後吸乾水分，取一只炒鍋，以中火不停地拌炒10分鐘。等聞到堅果烘焙的香氣時，立即自鍋中取出，置於盤中。

3 將芝麻混入350ml的水攪打至細碎，靜置備用。將浸泡後且瀝乾的米粒混入200ml的水攪打至細碎。

4 取一只湯鍋，倒入900ml的水和米糊，以大火烹煮至沸騰，期間不停地攪拌，沸騰之後轉小火，蓋上鍋蓋繼續烹煮20分鐘，期間不定時攪拌。接著加入芝麻糊，再續煮數分鐘。可視喜好添加鹽巴調味。上桌前以松子和紅棗乾點綴裝飾，趁熱享用。

SSAM, AUMÔNIÈRES DE RiZ EN SALADE
菜包飯（以生菜葉包著米飯的福袋料理）

쌈밥

菜包飯餐

製作菜包飯餐

1. 在桌上放置一大把不同種類的生菜、醬汁：包飯醬、調味醬油還有調味大醬（見P.19）、蒜片、新鮮辣椒切薄片、依據喜好準備的小菜，還有4碗白飯。

2. 食用時，先將一至兩片生菜攤開放在手上，放上一小匙飯，淋點調味醬，加些小菜。折成福袋的形狀，然後一口吃掉。

這道菜和烤肉特別搭。

韓語的「쌈（ssam）」原意是封包好的一口食物。但和春捲或餃子一點關係也沒有，因為菜包飯只使用生菜葉，像是萵苣、蘿蔓、火焰萵苣、紅菊苣、芥菜，有時也用海苔。
加入新鮮紫蘇葉或是櫛瓜，則是除了韓國之外，其他地方比較少見的生菜包肉吃法。

＼小提醒／

와구 와구

第一次約會如果是在菜包飯料理的餐廳是個壞徵兆。事實上，若是兩人之中的其中一人提議要吃菜包飯，隱藏的訊息就是：「我對你沒意思，所以不需要努力保持矜持。」（因為菜包飯必須要一口塞，滿嘴食物交談完全違背了男女培養戀愛氛圍的原則）

LES RIZ CUISINÉS
米飯料理

김밥

米飯料理有其特色，並為日常的白飯帶來變化。
通常是利用剩下的白飯來製作這樣的變化，相當方便。

海苔飯捲

一道風味溫和的料理，好吃又好玩，海苔飯捲（김밥，kimbap）廣受
大眾喜愛，經常在野餐的時候享用，裡面可以加入鮪魚、香腸或是做
成全素的飯捲。

김밥 말기

1　將150g的醃黃蘿蔔切成長22公分、厚0.7公分的長條。

2　將120g的牛絞肉和⅓分量的烤牛肉醃料（見P.46）混合均勻後，倒入鍋中煎熟。打3顆蛋攪勻，取一只油鍋，用煎可麗餅的方式煎蛋皮，再將煎好的蛋皮切成寬1公分的長條蛋絲。將胡蘿蔔切成厚0.3公分的長條，取一只油鍋煎熟。撒上鹽和胡椒調味。

3　依照P.31的食譜準備4人份的米飯。準備一個大碗，一邊翻動米飯讓熱氣散去，一邊加入1½大匙的米醋、1大匙的麻油和1小匙的鹽巴。

4　在壽司捲簾上放上一片海苔，將大碗裡¼分量的米飯鋪在海苔上，範圍大概比海苔的一半多一些。在中間一一放上配料後捲起來，邊緣用水稍微沾濕，讓海苔黏合。

5　將4捲海苔捲，切成厚度1.5公分的圓片，享用之前撒上芝麻粒。

拌飯

這道料理利用剩下的小菜還有辣椒醬就能輕鬆完成，但節慶享用的版本就比較講究和隆重（見P.74的拌飯食譜）。

비빔밥

김치볶음밥

콩나물국
（見P.38）

辛奇炒飯

對韓國人來說，這是道平凡無奇卻美味不變的料理。用一點蔬菜油，翻炒辛奇，加入米飯充分混合。也可以選擇加入豬肉、培根等，或是最新流行的吃法——加入融化的起司。任何種類的辛奇都適用。再搭上一碗豆芽菜湯，就是韓國人最愛的午餐組合之一。

LES BOUILLONS
高湯
육수와 국물

韓國人將自己定義為大量攝取湯品的美食家,而且有個餐具擺放的習慣,湯匙要固定擺在筷子旁邊。湯的質地可以像高湯般清澈,也可以像醬汁般濃稠。只要料理名稱以「국(guk)」結尾,廣義來說就是湯品的一種,有時也稱其為「탕(tang)」或「장(jang)」。韓國料理中,最常見的高湯是牛肉高湯。

高湯基本處理方式

집 간장

육수 만들기

① ② ③

清醬壺

高湯以鹽或清醬(見P.55)調味,也可以兩者都加。

高湯都是從冷水開始加蓋燉煮的。燉煮紅肉或是大骨高湯時,先用大量清水浸泡1小時去血水,如果是骨頭則要浸泡4小時。捨棄第一次煮沸的水,重新加入乾淨的水,然後再繼續燉煮。時不時撈除浮沫(圖1),最後再用篩子過濾(圖2),等冷卻之後再撈掉表面凝固的油脂(圖3)。

不管燉煮時間長短,蔬菜和香料都是在燉煮完成前的30分鐘才加入,接下來的高湯食譜份量大約是2.5～3L的高湯。

快速高湯包
(不含味精)

非常方便,只要放進水裡泡開,再加入脫水或風乾的天然食材即可。

基礎高湯

牛肉高湯

1 取4.5L的清水，烹煮450g的牛胸肉。沸騰後改以中小火接續燉煮1小時。

2 加入90g的蔥還有4瓣蒜片，續煮30分鐘。

3 取出牛肉，牛肉在混入其他料理使用前，可先切薄片或手撕成絲。

鰮魚乾高湯

取一只炒鍋，放入30g高湯用的鰮魚乾，乾炒1分鐘，清除內臟。準備3.3L的清水，加入昆布還有鰮魚乾，泡水1個半小時。開火將水煮開，沸騰之後關火，靜置15分鐘。過濾之後調味。

雞高湯

取一隻全雞或是雞架骨、4.5L的水、90g的蔥、4瓣蒜片，還有1小塊薑，依據高湯基本處理方式（見P.36）燉煮1個半小時。雞骨架拉長燉煮時間則風味較佳。

牛骨高湯

取3kg的牛骨或牛髓、1kg的牛腱、7L的水和胡椒，依據高湯基本處理方式（見P.36）燉煮6～12小時，燉煮期間，如果水分蒸發過多，可視情況加水。

蔬菜湯

取100g的白蘿蔔切丁，和100g帶根的蔥（或洋蔥）、100g的胡蘿蔔、10朵香菇、70～100ml的醬油及1根辣椒（可放可不放），一起加入3L的滾水中燉煮15分鐘，然後過濾。

洗米水

掏洗米粒，捨棄第一次和第二次的洗米水。第三次洗米，用一些水用力搓洗米粒。把這白濁的水收集起來。這水能用在發酵豆醬（見P.18）煮的湯，或是蔬菜湯的勾芡，讓口感更滑順。

蘿蔔片水辛奇的湯汁

適合作為冷麵的湯汁，也就是朝鮮冷麵（見P.61）。

LES SOUPES LÉGÈRES
清湯

구
구

在日常的餐點中，湯（국，guk）總是和飯一起上桌。湯裡面通常充滿蔬菜，調味則是使用鹹味的發酵釀造醬料（醬油、大醬或是魚露）。

海帶芽湯

1 將20g的海帶芽放入1L的水中，泡發10分鐘後取出，切成4公分大小備用。取80g的牛後腿肉，切成小塊，和½小匙蒜末、1小匙清醬（見P.55）以及1大匙麻油，混合後醃漬10分鐘。

2 取一只大鍋，不放油，放入牛肉以中火翻炒2分鐘，加入海帶芽後再繼續翻炒3分鐘。倒入1.5L的水和2小匙清醬，蓋上鍋蓋之後燉煮20分鐘。加入2大匙細蔥花，撒上胡椒，必要時再視情況調整口味。

菠菜大醬湯

將60g的大醬以650ml的牛肉高湯或是鯷魚乾高湯稀釋，再加入650ml的洗米水（見P.37）。以中火煮沸後，加入250g切成2公分大小的豆腐丁和1小匙蒜末，燉煮2分鐘後再加入3把鮮嫩菠菜，續煮2分鐘，最後再加入2大匙蔥花。

豆芽菜湯

這是韓國人最喜歡的湯品之一，因為味道新鮮、價格又實惠。可以用牛肉高湯或是鯷魚乾高湯（見P.37）來製作。

簡易食譜：將150g的黃豆芽放入1.3L的鯷魚乾高湯燉煮，加一點大蒜增添香氣，最後再撒上蔥花，加鹽調味。

黃瓜冷湯

在800ml的冰水中，加入3大匙清醬（見P.55）、1大匙米醋、3大匙蔥花、1小匙糖、1小匙切薄片的紅辣椒、300g的黃瓜絲和1小匙烘烤芝麻粒。全部混合在一起後，視情況加鹽調整口味，冰涼享用。

JEONGOL, FONDUE 전골
火鍋

美味又有趣，這道料理的製
作方式也很簡單，只需要
把生的食材還有高湯放
在一個大鍋子裡。由
賓客自行在餐桌上
烹煮。

버섯전골

製作香菇豆腐火鍋

1. 準備600g不同類型的菇：杏鮑菇、雞油菌菇和香菇、金針菇還有蘑菇等等。取500g的豆腐，切成長寬4公分，厚度1公分的豆腐塊。

2. 將100g胡蘿蔔、100g蔥、100g櫛瓜和100g水芹菜（見P.16）切成5～6公分的長條，厚度不要太厚。

3. 取一只大的寬口淺鍋，擺上各項食材的一半份量，然後倒入500g牛肉或蔬菜高湯（見P.37）。

4. 在餐桌上擺上卡式爐，放上擺滿料的鍋子，以中火烹煮。

5. 在每位賓客面前都擺放長柄小湯勺、碗、醬油和胡椒。

6. 等鍋裡的食物清空時，就可以加入剛剛剩下一半的食材，還有500g的高湯。

7. 這道料理會搭配米飯和辛奇一起享用。

LES SOUPES ÉPAISSES
燉湯

찌개

韓國的燉湯（찌개，jjigae）是一種介於燉菜和湯品之間的料理。湯頭比清湯來得濃厚，風味也較濃郁，拿來當成搭配米飯的醬汁剛剛好。

清麴醬湯

盤子裡是清麴醬和大醬。

청국장 찌개

作法

1　取一只鍋，將30g的大醬、20g的清麴醬（見P.57）混入350ml的鯷魚乾高湯或是洗米水（見P.37）中。

2　取100g的辛奇，切成小塊，連同辛奇的湯汁還有100g切片的香菇一起放入鍋中，以中火煮沸。沸騰後加入200g切成2公分大小的豆腐丁、1小匙蒜末。續煮幾分鐘後關火。再加入30g的清麴醬還有2大匙蔥花。趁熱搭配白飯享用。

김치찌개

辛奇鍋（辛奇燉湯）

取120g的豬里脊肉，切小塊，放入炒鍋中，以麻油翻炒3分鐘，取250g的辛奇切細，連同辛奇醬汁還有1小匙辣椒粉（可加可不加）一起倒入鍋中。續煮1分鐘後，倒入800ml的水、300g切成2公分大小的豆腐丁、1小顆切細的洋蔥，開大火煮5分鐘，最後上桌前再加上20g的蔥花。

嫩豆腐鍋（海鮮豆腐燉湯）

순두부찌개

這道湯品總是單獨以砂鍋盛裝上桌。人們喜歡辣味的湯頭和滑嫩豆腐的柔順口感所形成的對比。

取一只砂鍋，加入1小匙蒜末、2～4小匙辣椒粉、⅓小匙的薑末，再混入2小匙麻油和2小匙香味不會過於強烈的植物油，全部一起翻炒30秒。接著再加入1小匙清醬（見P.55）和3把文蛤，繼續翻炒30秒。然後加入600ml的鯷魚乾高湯（見P.37）、300g的嫩豆腐和1小匙蝦醬（見P.18）。必要的時候可加點鹽。湯煮沸之後，打一顆蛋進去，然後關火。最後加上2大匙蔥花（可加可不加），還有些許新鮮辣椒片。

部隊鍋

부대찌개

1 取一只鍋，放入1把切成小塊的辛奇、200g切片的煙燻香腸或是SPAM午餐肉、4根切片的德式香腸、8片切成小塊的培根、1顆切片的洋蔥，還有1把年糕條（見P.71）。

2 將2大匙辣椒醬、2大匙醬油、1大匙辣椒粉、2小匙蒜末，還有2小匙糖混合在一起後加入鍋中，倒入700ml的水，以中火烹煮。

3 湯煮滾後，加入100g的泡麵、100g的焗豆和2大匙蔥花。可視情況調整水量。等泡麵熟了即可關火。

NAMUL BANCHAN : LES LÉGUMES

나물반찬 　小菜：各式蔬菜

韓語的「나물（namul）」指的是各種簡便準備的蔬菜，在韓式小菜裡占有很重的分量。透過簡單的蔬菜，可以做出各式各樣美味的菜餚。主要有四個準備的重要技巧。

水煮氽燙調味法　데친나물

適用於綠色蔬菜和豆芽類。

基礎作法

芝麻菠菜

黃豆芽

綠豆芽

1 準備一大鍋滾水加鹽，放入300～400g的蔬菜，水煮氽燙（菠菜氽燙2分鐘、豆芽燙5分鐘），接著用冷水沖洗，再用手擠壓出多餘的水分。依據處理的蔬菜類別，調整氽燙的時間長短，最適宜的狀態是讓蔬菜仍保有稍微清脆的口感。

2 用鹽、1小匙蒜末、2小匙蔥花、2～3小匙麻油（或紫蘇油）和芝麻粒來調味。

3 也可以添加辣椒粉或是用清醬（見P.55）取代鹽巴來變化調味。

醬煮法　조림

基礎作法（以醬煮馬鈴薯為例）

醬煮蓮藕　　　　醬煮馬鈴薯

1 取450g的馬鈴薯，切成栗子大小的塊狀。

2 取一只碗，放入250ml的水、1小匙蒜末、3大匙醬油、1大匙蜂蜜、1大匙糖和1大匙麻油，混合均勻。

3 用1大匙油大略翻炒馬鈴薯，接著倒入剛才調好的醬汁，蓋上鍋蓋煮10分鐘，撒上芝麻粒。

處理蓮藕：取300g的蓮藕削皮，切成厚0.3公分的蓮藕片，取1L的水加入3大匙米醋，放入蓮藕浸泡20分鐘，瀝乾之後，比照馬鈴薯完成料理。

翻炒調味法

炒蕨菜（用紫蘇油翻炒蕨菜）　　　　　炒櫛瓜　　　　　　　　炒蘑菇

1　將蔬菜切圓片或切短條，厚度不要太厚。

2　取一只鍋，放點植物油，加入1小匙蒜末，用小火翻炒2分鐘。

3　繼續翻炒至蔬菜軟化，撒鹽，關火，加入2大匙細蔥花以及搗碎的芝麻粒。

處理蕨菜：須前一天預先處理，煮沸1.5L的水，關火之後將50g的蕨菜乾放入水中，蓋上鍋蓋浸泡整夜。隔天瀝乾、挑除乾硬的部分，然後沖水洗淨，後續就可以比照新鮮蔬菜來料理。調味的部分，用清醬（見P.55）代替鹽。

生菜涼拌法

涼拌辣蔥絲

將青蔥切成絲，浸泡在水裡10分鐘，瀝乾之後，用糖醋醬油調味，然後再用辣椒粉提味。

桔梗根沙拉

桔梗根切成細條狀，用鹽搓揉後，浸泡在水裡1小時以去除苦味。搭配芥末醬（見P.19）享用。

現拌辛奇

現拌的辛奇，以生菜搭配辛奇的醬汁。這道料理可立即享用，不用經過發酵。

BANCHAN :
LES ALGUES, TOFU ET GELÉES

해초　두부　묵

小菜：海苔、豆腐及涼粉

海藻因為特有的鹹味和滑順的口感，在韓國料理裡，占有非常重要的地位。韓國可食用的海藻多達50多種，各地區也都有其特色食譜等著人們去探索和發現。

烤海苔

김구이

幾乎每天每餐無所不在，用來包一口分量的米飯。

基礎作法

1 在砧板上，幫海苔片刷上麻油或是紫蘇油，然後撒鹽。照這個方式準備數片海苔。

2 一片一片，逐一在爐上乾烤數秒，兩面都要烤，邊烤邊用矽膠鍋鏟壓平，直到海苔變成稍微透明的綠色，在有烤焦跡象前離火。

3 用剪刀剪成8片。

다시마쌈
昆布飯捲

包飯昆布捲，搭配加醋辣椒醬（見P.19）。

미역무침
涼拌海帶芽

海帶芽以糖醋醬和麻油提味，製成沙拉。

豆腐和所有醬汁都很搭，在以大量蔬食為常態的韓國料理中，是很重要的蛋白質來源。

두부 만들기

辣醬燒豆腐
（두부조림，dubu-jorim）

製作豆腐的步驟

1　要製成300g的豆腐，大約需要100g的乾燥黃豆。泡水8小時後將豆子磨碎。過濾之後取得豆汁。

2　熬煮豆汁。

3　加入鹽滷（氯化鎂）使其凝固成型。

4　擠出水分後，壓成方塊狀。

1　取一只盤，鋪上300g切成長寬4公分、厚1公分的豆腐塊，撒鹽，讓豆腐出水10分鐘，然後吸乾水分。準備100ml的水，加入1小匙蒜末、1小匙紫蘇油、2小匙糖、½小匙辣椒粉和5小匙醬油。撒些胡椒。

2　取一只鍋，以中火燒熱，加點紫蘇油，將豆腐煎到上色，接著倒入調好的醬汁，燉煮時，時不時舀醬汁淋在豆腐上。

3　待醬汁收乾一半後關火，加入2大匙蔥花還有些許芝麻粒。

豆腐腦（新鮮豆花）

未瀝乾成塊的豆腐腦湯。人們會把調味醬油（見P.19）加進去攪拌。

橡子涼粉

人們喜歡橡樹的香氣及其略帶苦澀的滋味，搭配調味醬油享用。

도토리묵

BANCHAN : LES VIANDES
小菜：肉類
고기반찬

即使現今日常的小菜裡,肉類的食用量日益增多,一般來說,肉類在小菜裡扮演的仍是次要角色,小菜的肉類分量不多、通常是切成小塊或是切碎的,是用來搭配蔬菜或是加在湯裡的配料。以下是幾道主要食材為肉類的料理:

家常烤牛肉

1 取一個大碗,放入2大匙蔥花、2小匙蒜末、2小匙搗碎的芝麻粒、2大匙糖、50ml的水梨汁、3大匙醬油和1大匙麻油,混合均勻。

2 加入400g切薄片的牛胸脊肉、1顆切薄片的洋蔥,混合均勻,醃漬20分鐘。

醃料的材料

3 取一只炒鍋,燒熱之後,拌炒牛肉3～6分鐘。以菜包飯的方式,立即搭配生菜還有包飯醬(見P.19)一起享用。

장조림

소불고기

醬燒牛肉

醃漬過的牛胸脊肉,切成手撕牛肉絲的大小,這道料理通常上桌的時候分量不多,因為味道非常濃郁。

辣炒豬肉

제육볶음

這道料理是由家常烤牛肉變化來的，但材料換成豬肉，並且加上辣椒醬一起炒。

1 取一個大碗，加入1～2大匙的辣椒醬、2小匙辣椒粉、½小匙薑末、1大匙蔥花、1小匙蒜
　末、2小匙糖、2大匙醬油、2大匙米酒、2大匙麻油。

2 加入500g切薄片的豬梅花肉、1根切細的青辣椒，混合均勻後醃漬20分鐘。

3 取一只鍋，燒熱後翻炒豬肉。如果炒的時候太乾，加水調整。最後撒上芝麻粒，以菜包飯
　（見P.33）的方式，搭配生菜，立即享用。

닭찜

醬油燉雞
調味方式比照家常烤牛肉，但改用雞肉。
蔬菜切大塊，燜煮至熟透。

BANCHAN : LES POISSONS ET FRUITS DE MER

小菜：魚類及海鮮

해산물

南韓是世界上魚類消費量居冠的國家。多虧了半島的地形，能取得各式各樣的海鮮。料理的方式可以新鮮吃、曬成乾或是用鹽醃漬，不論生吃、煮熟或發酵後食用都可以。韓國人對於海鮮鮮度的要求非常高，魚很少處理成魚片販售。魚可以用烤的或醬煮的方式製作成小菜，或是當成湯裡的配料。

最常被食用的5種海鮮是：鯖魚、魷魚、白帶魚、蝦、扁魚。不過家常料理中，最受喜愛的卻是鯷魚，因為鯷魚不只價格便宜實惠，吃法又多元（可以醬煮、熬高湯還能當作下酒的零食）。

멸치볶음

炒小魚乾，用醬油醃過的炒鯷魚乾。

멸치 종류

鯷魚乾依據用途分為3種：
小的用在醬煮料理、大的用在熬高湯，中型的則可多元應用。

辣燉鯖魚（燉鯖魚和蘿蔔）

1. 取一只大鍋，鋪上400g切成長寬3公分、厚0.7公分的白蘿蔔，接著放上2大塊鯖魚。

2. 取一只碗，放入6大匙醬油、2小匙蒜末、1小匙薑末、2大匙糖、1大匙辣椒粉還有1大匙燒酒（見P.125）。將200ml的水倒在魚上，再倒入醬汁，蓋上鍋蓋，以中火燉煮15分鐘。加上3大匙蔥花後，繼續燉煮至蘿蔔軟化及醬汁變稠。

고등어조림

辣炒魷魚，用辣椒醬炒魷魚和蔬菜。

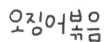

오징어볶음

涼拌泥蚶，清蒸泥蚶搭配調味醬油（見P.19）。

갈치구이

烤白帶魚

꼬막무침

달걀

BANCHAN : LES ŒUFS
小菜：蛋類

餐點中沒有肉類料理的時候，含蛋的菜餚能提供優質的動物性蛋白質。近期隨著辣味菜餚增多，蛋類料理因其溫和的風味而成為眾人喜愛的配菜。

알찜

蒸蛋（口感絲滑柔順）
傳統料理中的經典菜色。蛋液先過濾，再小火蒸熟，以蝦醬的醬汁調味。

뚝배기 계란찜

砂鍋蒸蛋（舒芙蕾般的口感）
拜砂鍋的材質以及鍋蓋所賜，僅僅使用蛋和水，就能產生輕盈的口感。

炒雜菜

拉麵（泡麵）
泡麵加蛋可彌補營養不足的部分，同時也讓這工業化產品的賣相更好。

달걀조림

醬煮蛋
以醬油滷蛋。

辛奇炒飯
蛋的柔和風味中和掉了辛奇的酸度。

就遵循五方色的傳統來說，蛋都是最後再點綴在餐點上的，為餐點增添黃色的元素（以蛋絲或整顆生蛋黃的形式）。

煎蛋捲

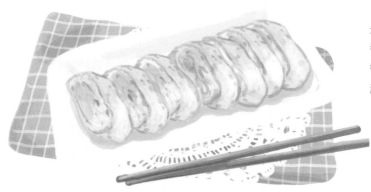

달걀말이

是最常見、最受喜愛也最營養的小菜之一。在完整的正餐中，會搭配米飯和辛奇一起享用。

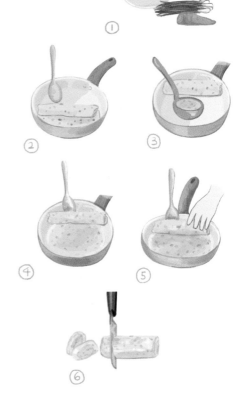

1 打8顆蛋過篩，加入鹽巴、胡椒、切細碎的胡蘿蔔和蔥，各4大匙。

2 取一只鍋，用大火熱鍋，待鍋燒熱後，轉成小火。在鍋裡抹上油。

3 倒入¼的蛋液，讓蛋液平均分配在鍋內，用矽膠鍋鏟輔助捲起蛋皮，寬度約4公分。捲好的蛋推到鍋邊，再重新抹油。

4 再次倒入¼的蛋液，讓蛋液平均分配在鍋內且與剛剛的蛋皮捲相接。

5 一樣將蛋皮捲起，再推到鍋邊。接著倒入第三次¼的蛋液，重複上述的步驟捲起蛋皮。

6 捲好之後再煎2分鐘，將煎蛋捲的每面都煎到金黃，取出煎蛋捲放涼後，切成厚1～2公分的大小。

발효 음식

發酵食品

LA FERMENTATION

在韓國，每個製作發酵醬料的職人都不諱言自稱為「大自然的煉金術士」。根據他們的說法，他們能察覺周遭環境，找到最適合釀造醃醬的發酵條件。「醃醬（장，jang）」是韓國最著名的經過發酵的調味醬料，也是韓國料理的基礎。

他們也使用經過發酵的黏土，來製作存放這些醃醬和辛奇的容器或大甕，發酵熟成所需的時間可長達數季。

LES JANG : CONDIMENTS FERMENTÉS
醃醬：發酵調味醬料

如果沒有發酵食品，韓國料理將會失去其魅力所在。發酵食品提供重要養分的同時，也馴服了韓國人的味蕾。

장

這也是種精神層面的傳承。事實上，在科學發現發酵過程（細菌的產生等）之前，人們相信神秘的力量（例如被視為守護靈的祖先）會在發酵過程中，帶著善意介入，影響發酵。發酵自然就和神秘且無法窺探的世界產生關聯，形成精神上的連結，是無法以科學來解釋的層面。

醬缸台
（用來儲存發酵食品的地方，家中守護神的所在之處）

古人前來取醃醬的同時，也會來到這裡許願。相傳在甕上貼倒過來的襪子能驅趕厄運，事實上，是因為白色能反射光線至陰暗的角落，從而改善整體環境。

장독대

大醬（發酵的豆醬）

一般來說，醃醬（장，jang）指的是以黃豆加鹽進行發酵製成的調味料。在韓國料理中，醃醬的地位和鹽一樣重要。可煮湯或作為醬汁食用，有時候也被當成奶奶的獨門藥方。

醃醬的鮮味來源是被微生物消化過的黃豆蛋白質，能為蔬食料理和米飯帶來好滋味。

三種不同的豆子

這種植物源自於滿州，是古代韓國貴族所在地。對於這些素食的佛教國家來說，豆類是不可或缺的蛋白質來源。而且因為未經過發酵的豆子不好消化的關係，人們很早就開始將豆子發酵食用了。

黃豆、黑豆和青豆

發酵豆子製成的調味料

1. 된장

大醬

發酵黃豆製成的醬料。

2. 고추장

辣椒醬

發酵黃豆加入辣椒製成的醬料。

3. 청국장

清麴醬

快速發酵的黃豆。

간장 醬油：三種不同的醬油

發酵未滿1年的「清醬」
（청장，cheongjang）

發酵1至4年的「中醬」
（중장，jungjang）

老抽的「陳醬」
（진장，jinjang）

大醬和手工醬油的釀造過程

純天然，不添加發酵催化劑的手工釀造製程，需要大量的經驗以掌握自然環境條件。因此釀造出來的醃醬，每一年有不同的風味是很正常的，這同時也是有助於身體健康的益生菌存在的佐證。

這種古法釀造的醃醬是有變化而且滋味絕佳的。今時今日，食品工廠製作的醃醬採用的是簡化過的菌種，味道相對穩定，而且發酵的時間能縮短成3～12個月。

장 담그기

1 煮豆。

2 搗碎豆子。

3 塑形。

4 接觸稻草，一起置於陰涼通風處，進行第一次發酵。為期1個月。

 메주

 醬油

大醬

5 第二次發酵是在溫室發酵。為期1個月。

6 醬曲（meju）：大豆麴菌準備就緒。

7 第三次發酵是置於鹽水當中。為期2～3個月。

8 過濾，固體的部分就是大醬，液體就是醬油。

9 熟成：再發酵1～5年。

辣椒醬 （發酵黃豆加入辣椒製成的醬料）

雖然辣椒一直到17世紀才傳入韓國，但辣椒甘甜卻又辛辣的滋味，快速地征服了韓國人的味蕾。如果沒有辣椒，就沒有現在著名的韓式炸雞和辣炒年糕了。

 新鮮辣椒沾辣椒醬
你知道嗎？韓國人會拿新鮮辣椒沾辣椒醬來吃！

辣椒醬的成分：磨成粉的醬曲、在來米粉、麥芽、大米糖漿、辣椒粉和鹽。

清麴醬（快速發酵的黃豆）

청국장

屬於無添加鹽的短期發酵食品（1～4天）。人們的評價兩極，愛好者為之著迷，但也有人被它強烈的氣味搞到脾氣暴躁，不過因為營養成分價值高，所以還是普遍受到人們歡迎。可以燉湯（見P.40）的形式烹煮食用，也可當作食療的藥方。

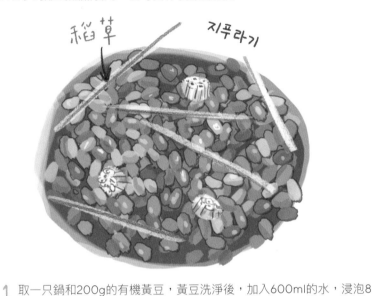

稻草　지푸라기

청국장 띄우기

1 取一只鍋和200g的有機黃豆，黃豆洗淨後，加入600ml的水，浸泡8小時。

2 整鍋豆子和水一起煮沸，沸騰後轉小火，蓋著鍋蓋繼續燜煮，直到黃豆變的軟爛（約3～4小時）。燜煮期間定時攪拌。過程中如有必要，可適時加水。最後煮到水完全被豆子吸收且保持濕潤的時候關火。

3 取一個寬口容器，將豆子攤開，厚度約2公分，混入2～3根稻草，或是加入1小匙生糙米。在蓋子正下方放一張乾淨的紙，用來吸收凝結的水（不能接觸到豆子）。蓋上蓋子。

4 讓豆子在35～39℃的環境下，高溫發酵1～4天。

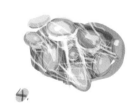

5 表層會像鋪上一層白紗，也會開始出現像起司的味道。搖動豆子的時候會看到菌絲覆蓋。

6 如果是直接食用，發酵1～2天足矣。

AUTOUR DU KIMCHI
關於辛奇

김치

辛奇的前身無疑是單純的鹽漬蔬菜,這是全球共通的保存蔬菜的方式。韓國的特別之處,就在於比照鹽的方式用發酵的豆子來醃漬蔬菜。

後來將較複雜的各式香料使用到辛奇上的時間點,可以追溯至大約500年前。而今日不管是在國外還是在韓國,最有名、也是人們食用最多的白菜辛奇,是白菜加上辣椒粉製成的,這道菜的歷史大概只有200年。在這之前的醃漬白菜種類很多,當時胡椒或芥末都被當作辛奇的香料使用,辣椒反而很少出現。

古代存放辛奇的倉庫

김장

越冬辛奇

冬天的時候,發酵的蔬菜能提供維生素和營養成分。這些蔬菜存放在被深埋的甕裡,這種甕是存放辛奇的完美容器,即使是韓國北部室外溫度動輒就降到-10℃、甚至-20℃以下的情況,甕裡也能保持溫度在0～-1℃之間,人們能因此吃到美味的蔬菜,味道就跟新鮮的一樣。

醃製越冬辛奇的過程是一項人們一年一度群聚的重要儀式,能穩固人際關係,這項活動也被列為聯合國教科文組織非物質文化遺產。

以整顆大白菜醃製辛奇

1)   2)   3)   4)   5)

1 取100g的海鹽，溶解在1L的水中，將整顆1公斤的大白菜對半切，或是切成4份，泡在鹽水裡，浸泡6小時。期間定時幫白菜翻面，將靠近菜心的葉子剝開，以利鹽水滲透。

2 以大量的清水沖洗，瀝乾10分鐘。

3 取一只碗，放入20～30g的辣椒粉、2～3小匙的蒜末、1小匙薑末、1大匙糖、1大匙魚露（或醬油）、150g切成細條狀的白蘿蔔、70ml的水、2小匙糯米粉加水泡開（可加可不加）和40g的蔥花。全部攪拌均勻。

4 預留一大片白菜葉。接著把醬汁倒在白菜的各葉片之間。

5 把白菜放入容器之中，放的時候讓白菜彼此緊靠，壓實到沒有縫隙。在白菜和上蓋中間預留3公分的空間。

6 用剛剛預留的大片白菜葉蓋在最上面（葉片要保留到所有的辛奇食用完畢）。

7 蓋上蓋子，先在室溫下靜置發酵2天，接著移進冰箱，第5天開始就能享用了。經過2～3週後，味道會最恰到好處。

註：製作發酵食品時，推薦使用不含碘且不含氟的海鹽。

白辛奇的作法：用些許乾辣椒絲或乾辣椒片來取代辣椒粉。

백김치

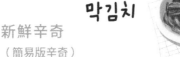

白辛奇，用白菜醃製的辛奇。

整顆白菜辛奇，整顆大白菜加辣椒醃製的。

포기김치

막김치

新鮮辛奇
（簡易版辛奇）

將白菜切成3～4公分大小。依據整顆白菜的食譜接續製作，但是鹽漬的步驟可以縮短成3小時即可，瀝乾之後，將白菜和醬汁拌勻。

蘿蔔塊辛奇（以水梨或白蘿蔔為材料的辛奇）

깍두기

白蘿蔔的辛奇和雪濃湯（見P.76）很搭。

1 取一個大碗，放入500g切成1.5公分大小的水梨丁，還有10g的細海鹽，混合均勻，靜置30分鐘使其出水，接著再瀝掉水分。

2 取一個大碗，放入10g的辣椒粉、½小匙薑末、½小匙蒜末、1大匙醬油。加入水梨和20g的蔥花，攪拌均勻。

3 把所有材料放入容量500ml的廣口罐並壓緊實。在水梨和上蓋中間留下一點空隙。密封罐子。

4 在室溫下靜置發酵2天，之後移入冰箱存放至少1星期。蘿蔔塊辛奇在冰箱裡可以保存1個月以上。

① 或 ② ③

白菜蘿蔔片水辛奇（辣味水辛奇）

나박김치

1 將300g的大白菜切成3～4公分大小，取500ml的水加入50g海鹽，將大白菜泡在鹽水中2個小時。用大量清水沖淨後瀝乾5分鐘。

2 取一個大碗，放入600ml的水，溶入10g的鹽，加入2小匙辣椒醬、1大匙白砂糖、1小匙蒜末、½小匙薑末，15g蔥和30g水芹菜（見P.16）都切成3公分長度，將70g的白蘿蔔切成長寬3公分、厚度0.3公分，再加上上個步驟的鹽漬白菜，全部放進容量1L的寬口罐裡，密封存放。

3 在室溫下靜置發酵2天，後續移進冰箱裡放置1～3週。

① ② ③

如何妥善保存及使用辛奇

辛奇冰箱

把辛奇放入容器中時，壓實到沒有縫隙。醬汁高度要完全覆蓋辛奇，避免接觸到空氣，蔬菜口感才不會軟化。如果醬汁不夠，倒一些鹽水進去（濃度2%，意即在100ml的水溶入2g的鹽）。最上層用一片大的白菜葉蓋起來。

依據室溫不同，發酵的速度也不一。第5天開始有發酵的風味和酸度之後，就可以品嚐味道。如果想要味道濃郁一點，可以發酵久一點。以容量1L的寬口罐來說，參考的理想發酵時間是2～3個星期，酸度恰到好處、蔬菜脆口，而且富含營養價值。

等辛奇開始有酸度之後，可以存放數個月甚至數年，但是存放愈久，辛奇會逐漸失去其風味和營養價值。

如果辛奇真的存放太久，變太酸的話，可以和其他風味較溫和的食材一起烹煮，像是米飯、肉類、蛋或蔬菜。

老辛奇的使用方式

辛奇煎餅

具有辛奇爽脆口感的酸香薄餅，可搭配豬肉或起司，讓煎餅更豐盛。

辛奇餃子

依循餃子的作法（見P.71），將綠豆芽換成切碎的辛奇。

동치미

蘿蔔片水辛奇 / 冬辛奇

這種辛奇的湯汁被當作高湯，製作多款麵食，或是當作解宿醉的藥方。

1　取一只盆，將1kg的白蘿蔔切成長5公分、厚1公分的蘿蔔條，加入40g的海鹽，混合均勻。靜置15分鐘，讓蘿蔔出水，接著用篩子瀝乾水分。

2　取一只容量3L的寬口罐，放入40g的海鹽、40g切成長5公分的蔥段、4瓣蒜片切末、2小匙薑絲、½顆水梨和½顆蘋果切大塊、1顆洋蔥切絲、4根發酵或醋醃的青辣椒、1根紅辣椒切絲，最後再加上前一個步驟的鹽漬蘿蔔。將寬口罐注滿水，只留下最上方4公分高度的空間，攪拌讓鹽完全溶解後，密封保存。在室溫下靜置發酵2天，後續移入冰箱存放至少1個月。

LE KiMCHi PAR RÉGiONS
韓國各地的辛奇

한국의 김치

南瓜辛奇

蘿蔔嬰辛奇

蘿蔔塊辛奇

小黃瓜辛奇

Hwanghae
（黃海道）

Séoul
（首爾）

Gyeonggi
（京畿道）

茄子辛奇

白菜蘿蔔片水辛奇
（辣味）

Chungcheong
（忠清道）

Jeolla
（全羅道）

柑橘辛奇

Jeju
（濟州）

Gyeongsang
（慶尚道）

Busan
（釜山）

辣白菜辛奇

紫蘇葉辛奇

包捲辛奇（整顆白菜的辛奇福袋）

白辛奇

蘿蔔片水辛奇
（冬辛奇）

Pyongan
（平安道）

Hamgyong
（咸鏡北道）

Kangwon
（江原道〔北韓〕）

米釀魚醬
（小米魚乾蘿蔔辛奇）

Gangwon
（江原道〔南韓〕）

安東甜米露
（以製作辛奇的方式，用白蘿蔔、
麥芽、辣椒和水製作而成）

大豆葉辛奇

蔥辛奇

AUTRES PRODUITS FERMENTÉS
其他醃漬發酵食品

海產、水果、五穀雜糧也能醃漬成發酵食品。經過陳年數年後,這些食材變成方便快速、增添風味的美味調味料。比方說醬油蟹(見P.88)就因為太過美味,而被暱稱為「白飯小偷」。

식해
米釀魚醬

魚肉、蔬菜還有穀類一起發酵製成,屬於辛奇的一種。

젓갈
蝦魚醬

以鹽、蝦醬、魚露或鯷魚來醃漬海產。

명란젓

明太子
醃漬的魚卵。

삭힌 홍어
熟成魟魚

經過發酵的魟魚,氣味強烈的程度堪比法國的瑪瑞里斯起司(Maroilles)。

除了辛奇和黃豆，其他蔬菜也能以不同的方式發酵製作成飲品、醋，當然也能釀成酒。

안동식혜

安東甜米露

以辛奇方式製作的辣味飲品，裡面有白蘿蔔、白米和大麥麥芽。

식초

醋

基底是馬格利酒，即米釀的啤酒（見P.124），再加上柿子就成了柿子醋。

청

蔬果酵素

以蜂蜜或糖，醃漬蔬果製成的糖漿（見P.121）。

醬醃蒜頭

장아찌

醬菜（장아찌，jangajji）是用醬油來保存蔬果的醃菜，像是醬醃蒜頭或是大豆葉。

1 取一只500ml的寬口密封罐（如Le Parfait的形式），倒入100ml的醬油，溶入2大匙的糖。

2 取300～400g蒜頭，將蒜瓣一一剝開或保留整顆蒜球，放進密封罐裡，加入些許胡椒粒，注滿水，但離蓋2公分高的空間，在室溫下靜置3天。

3 只取罐子裡的醬汁，倒進鍋子裡，蓋上鍋蓋後煮沸。等滾沸過的醬汁冷卻後再重新倒回去罐子裡，放置在陰涼處浸泡至少3個月，就可以取出享用了。

국수와 만두

麵食

PÂTES ET NOUILLES

小麥並非韓國自古以來的在地食材，所以傳統料理中很少使用小麥。當時日常生活的主食是五穀米，而麵條等麵食則是保留給重大節慶的罕見食材。

但時至今日，進口的小麥和在地生產的稻米數量龐大，所以小麥製作的食品也變得容易取得且受歡迎。

這些小麥製品在韓語中統稱為「粉食（분식，bunsik）」中，不只代表「快餐」，也是「麵粉製餐點」的意思。

GUKSU, LES NOUILLES
麵條

국수

對於韓國人來說，通常每餐都有米飯，而麵食比較像是臨時快速準備的餐點。

麵條的種類

메밀면

蕎麥麵，可以冷食也能熱食。

냉면국수 (메밀)

冷麵特製蕎麥麵

당면

韓式冬粉，是炒雜菜（見P.69）的食材之一。

냉면국수 (녹말)

冷麵特製太白粉麵

소면

小麥製白麵條，喜麵、古董麵（見P.69）使用的細麵。

밀면

小麥麵，炸醬麵（見P.110）使用的麵條。

朝鮮冷麵（見P.108）有許多長輩是狂熱的愛好者，而速食拉麵（見P.111）則代表著潮流和創意，深受年輕人喜愛。無論是哪種，韓國人的確是相當熱愛麵條。

쫄면

勁道麵，有彈性的小麥麵。

라면

拉麵（泡麵），速食油炸小麥麵。

煮麵的訣竅

1 水煮滾了之後加鹽，放入麵條之後馬上攪開。

2 等煮麵水起泡，泡沫滿溢時，倒入一碗冷水，然後攪拌一下。在每次泡沫滿溢的時候重複同樣的動作，總共3次。

3 依據喜好的口感將麵煮熟後，將麵倒到篩子上，再用冷水沖洗數次。

4 依麵條種類加到對應的麵食中。若是熱食，則先將麵條放入熱高湯中。

炒雜菜（蔬菜炒冬粉）

잡채

製作蔬食炒雜菜

1 取100g的韓式冬粉泡在1L的熱水中30分鐘。

2 依據P.42的基礎作法準備100g的菠菜。

3 取60g的香菇和1小顆的洋蔥切絲，再將1小根胡蘿蔔切成細條狀。取一只鍋，放油，分別炒熟，但蔬菜仍保持脆口。撒上鹽和胡椒，放旁邊備用。

4 取2顆蛋，製成蛋絲（見P.11）。

5 取一只鍋，倒入200ml的水燒開後，加入2大匙醬油、1大匙麻油和2小匙糖。將冬粉瀝乾水分後放入鍋中，以中火烹煮，不斷攪拌，直到水分完全被冬粉吸收。關火，加入先前準備好的蔬菜，然後放上蛋絲，最後再撒上芝麻粒。

비빔국수　　잔치국수

古董麵
（辣醬冷麵）

喜麵
（細麵加上熱高湯）

很多韓國料理的配料都可自由搭配變換顏色。比方說，依據上述的方式，把配料放在煮熟的細麵上，加上鯷魚乾高湯（見P.37），就是喜麵了；不加高湯，改放入加醋辣椒醬（見P.18），古董麵就完成了！

MANDUS, RAVIOLIS ET TTEOK, PÂTES DE RIZ
餃子和年糕

韓國的餃子（만두，mandu）內餡相當多元化，可以包稀有的食材，有時也會用日常生活常見的食材，比方說辛奇。不只在重大節慶吃，平常也能在路邊小吃攤享用。

年糕餃子湯

떡만둣국

湯底用牛肉高湯或牛骨高湯（見P.37）。這道菜有許多變化，可以單獨放餃子或是年糕，也可以兩者皆放入。

取400g的年糕圓片泡在熱水中15分鐘。將1.5L的高湯煮沸，放入12個餃子和瀝乾水分的年糕片。加入1小匙蒜末和1大匙清醬（見P.55），以中火烹煮3～5分鐘。關火後，加入2大匙蔥花，撒上鹽和胡椒。放上蛋絲（見P.11）、烤海苔絲（見P.44）。

4種餃子類型

편수	미만두	개성만두	교자
片水	海參餃子	開城餃子	家常餃子
（見P.109）	（黃瓜肉餡）	（見P.71）	

開城餃子 （包肉的元寶餃）

1. 取一個大碗，拌入220g的麵粉和20g的在來米粉，倒入190ml的熱水，揉捏成表面光滑的麵糰。覆蓋麵糰並靜置1小時。

2. 取一只炒鍋，倒入植物油，用小火炒100g切碎的青蔥，撒鹽。

3. 依據P.42的基礎作法準備250g的綠豆芽。大致切碎。

4. 取一只碗，將2瓣蒜片切成蒜末，放入碗中，再加入2撮薑粉、1大匙醬油、1大匙麻油和1大匙米酒。把這些調味料加進絞肉中，絞肉裡有100g的牛肉、100g的豬肉，還有125g捏碎的板豆腐。全部混勻後再加入蔬菜攪拌，撒上胡椒。

5. 工作檯上撒上麵粉，將麵糰分成25小球，將每顆小球擀成直徑8公分的圓形餃子皮。

6. 把餃子皮放在掌心，在餃子皮上放上一大匙餡料，用水沾濕餃子皮邊緣，對折把餡料包起來，按捏封好餃子皮，最後將最外面的兩端折捏在一起。

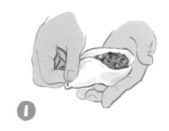

年糕（떡，tteok）指的是煮熟的糯米糰，用米做的點心。
製作成鹹食的年糕是圓柱狀的，稱作圓柱年糕。

떡볶이

辣炒年糕（甜鹹辣椒醬炒年糕）

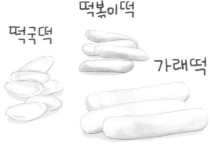

떡국떡　떡볶이떡　가래떡

3種年糕類型（鹹食料理）：
圓柱年糕是完整的長條年糕，切成圓片的年糕片用來煮湯，辣炒年糕用的則是年糕條。

꼭 먹어봐야 할 음식

名菜與節慶餐點

PLATS PHARES ET FESTIFS

在韓國，原本只有節慶才有機會享用到肉類大餐。時至今日，即使肉類已經容易取得許多，但餐點出現肉類還是有著慶祝特殊節慶的意義。

品嚐各地名菜對韓國人來說，也是暫時遠離大城市，探索地方風土以及發現地方料理名店的機會。

LE BiBIMBAP
拌飯

韓語「비빔밥（bibimbap）」的意思就是拌飯，是一道營養均衡的料理，有澱粉類，也就是白飯，還有大量的、多樣的蔬菜，搭配小量的動物性食材，像是肉類或蛋。這道料理有許多版本，而且每個人都能依據自己的創意自由發揮。

關於拌飯的起源，有一個說法是源自於儒家祭拜祖先的祭祀餐點。

雖然其中以講究五色呈現的全州拌飯最為著名，但其他版本的拌飯能運用剩下的小菜來進行裝飾，就製作上來說，比較容易實行。

在醬料的選擇上，可自由選擇辣椒醬或是醬油。

全州拌飯　전주비빔밥

全州是個以韓國美食著稱的城市。全州的拌飯常被視為最豪華的版本。

1 按照P.31的步驟準備450g的圓米，但用牛骨高湯取代水。

2 打4顆蛋，將蛋白和蛋黃分開，蛋白撒鹽調味，取一只鍋，以微火煎煮蛋白，注意蛋白不要煎過熟到出現焦色，最後將蛋白切條備用。保留蛋黃備用。

3 依據P.42的基礎作法準備150g的黃豆芽。

4 取150g的香菇，切成薄片，將2根胡蘿蔔和300g的櫛瓜切成細條狀。取一只鍋，熱鍋後倒入2小匙油，放入櫛瓜翻炒30秒，加上2大匙蔥花。撒上鹽和胡椒後放旁邊備用。以同樣的方式料理炒胡蘿蔔（30秒）和香菇（2分鐘）。將這些蔬菜分別裝盤備用。

5 取150g的牛臀肉切成條狀，以⅓分量的烤牛肉醃料（見P.46）調味，放入鍋中煎。

6 取4個大碗，裝飯，然後放上所有食材，中間再放一顆蛋黃，用松子或銀杏果裝飾餐點。另外分別裝盛辣椒醬和調味醬油（見P.19），讓每個人能依據個人口味喜好選擇醬汁和用量。

野菜拌飯（蔬食）

這道料理是江原道（南韓）的特產，原本是只使用乾燥脫水的野菜，或是春天山上鮮摘的野菜來製作。

時至今日，各種蔬菜都能用來製作這道料理：蘑菇、綠色蔬菜、乾燥後泡開的櫛瓜片、蕨菜、桔梗根，還有辣味白蘿蔔。

淋上油再加熱的石鍋能夠做出酥脆的鍋巴。

산채비빔밥

海膽拌飯（巨濟島產的海膽）

拌飯上有海膽、海帶芽、嫩菜芽、紫甘藍絲和烘烤芝麻粒。

성게비빔밥

안동비빔밥

安東拌飯

安東是過去許多貴族居住的城市，拌飯的配料有桔梗根、茄子、菠菜、醬燒牛肉、黃豆芽和烘烤芝麻粒。搭配調味醬油（見P.19）食用。

海州拌飯（北韓）

特色是飯和五花肉一起炒，配料有豬胸肉、雞里肌、蕨菜、綠豆芽、水芹菜、烤海苔片切絲，搭配調味醬油食用。

除了這些之外，還有許多比較沒那麼著名的不同種類的拌飯，使用道地的當地特產來製作。

해주비빔밥

SOUPES FESTIVES
節慶湯品

탕류

若說飯和湯的搭配是韓國人日常餐點的基礎，有些湯則比較像主菜的角色，讓飯成為了配角（不過飯當然還是不可或缺的），那就是節慶湯品，配料豐盛到不一定需要小菜來搭配，但辛奇還是一定有的。

雪濃湯（牛骨白湯牛肉鍋）

설렁탕

白飯可以泡在湯裡也可以單獨享用。蘿蔔塊辛奇（見P.60）很適合搭配這道湯品。

1 將2 L的牛骨高湯（見P.37）和牛肉煮沸，加入2～3瓣壓碎的蒜頭，撒鹽和胡椒調味。

2 煮100g的細麵，煮熟後用冷水沖洗再瀝乾。將高湯裡的牛肉切薄片。

3 取4個大碗，放入細麵，倒入滾熱的高湯，再放上牛肉片，撒上1大匙蔥花。

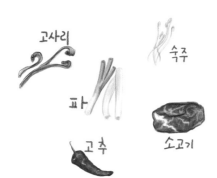

고사리

숙주

파

고추

소고기

육개장

辣牛肉湯

辣味牛肉湯頭，搭配牛肉、蔥、綠豆芽、蕨菜，吃的時候會再另外搭配辣油。

삼계탕

蔘雞湯

這道湯品使用春雞（童子雞）搭配著名的中藥材——人蔘一起燉煮。春雞裡塞入糯米、紅棗和蒜頭。

JEON, LES FRITURES FESTIVES
煎餅（節慶炸物）

전

煎餅（전，jeon）指的是以麵粉和蛋裹上麵衣，用煎或炸的方式做成的餐點。任何食材都能以如此方式料理，如：魚排、蔬菜、肉類、蘑菇、豆腐等。煎餅是最具象徵意義的傳統節慶料理之一。

什錦煎餅

櫛瓜煎餅
호박전

香菇煎餅
（香菇鑲牛絞肉）
버섯전

鮮魚煎餅
（白肉魚）
생선전

모둠 전

고추전
辣椒煎餅
（辣椒鑲牛絞肉）

삼색전
三色煎餅
（牛肉、青蔥、醃
黃蘿蔔和蟹肉棒組
成的迷你串燒）

두부전
豆腐煎餅

製作煎餅的3個步驟

1　裹上麵粉。

2　浸在打散的蛋液裡。

3　取一只鍋，加油，放入油鍋煎，然後為餐點裝飾（可省略）。

煎餅就像是充滿配料的可麗餅，海鮮煎餅（해물파전，haemul pajeon）的配料有海鮮和蔥，是海港城市釜山的特產。青蔥可以整根不切加進煎餅裡，增加咀嚼的口感。

1　取250g的青蔥，切成長5公分的蔥段。準備400g的綜合海鮮（貝類、魷魚、蝦子等）。必要的時候可切成各邊不超過3公分的海鮮塊。打散3顆蛋，以篩子過濾蛋液，加鹽調味。

2　取一只沙拉盆，混合250g的麵粉和300ml的水，加鹽、胡椒調味。將¼的麵糊倒入碗中，輕輕混入¼的蔥和¼的海鮮。

3　以中火燒熱鍋子，倒入大量的油，倒入麵糊鋪平，淋上¼的蛋液，煎炸2～3分鐘之後，將煎餅翻面，重新加油再繼續煎炸2～3分鐘。

4　以同樣的方式繼續完成另外3個煎餅。搭配加醋醬油（見P.19）趁熱享用。

해물파전

빈대떡과 막걸리

綠豆煎餅

綠豆煎餅的配料有綠豆芽、蕨菜、辛奇和豬肉。這道料理從20世紀初開始變成首爾很受歡迎的街頭小吃，直至今日依舊深受喜愛。綠豆煎餅和馬格利酒是絕配。

LE BŒUF
牛肉料理
불고기: 직화 구이

韓國先是歷經一段長時間的佛教信仰時期，等蒙古人入侵的時候，食用肉類和直火燒烤的飲食習慣及料理方式才開始被帶進韓國。以前牛是用來犁田的，直到生命的盡頭才會被宰殺，所以肉質非常硬，而使用發酵的醬汁或是果泥進行醃漬，如此便能軟化肉質。這個歷史進程也解釋了為什麼韓國料理中有這麼多甜鹹醃漬的食譜。

烤牛肉料理

烤牛肉（불고기，bulgogi）是深受韓國人喜愛的料理。韓國各地有許多不同版本的食譜。
最頂級的烤牛肉使用的是「韓牛」，一種原產於韓國的牛的品種。
烤牛肉的方式有許多種，像是使用鐵板、銅盤或鑄鐵鍋。

3種烤牛肉

首爾烤牛肉的特色在於烤肉滋味甘甜及大量的醬汁。食用的時候會將地瓜澱粉製的冬粉浸泡在醬汁裡。

서울식

언양식

광양식

光陽烤牛肉
木炭是全羅南道光陽市的特產，所以是用木炭燒烤牛肉。相較於其他吃法，光陽烤牛肉沒有經過事先醃漬，是烤的時候才刷上醬汁。

彥陽烤牛肉
蔚山廣域市彥陽邑的烤牛肉是切成寬條狀的，而非切薄片。

製作首爾烤牛肉 갈비구이

1 取50g的冬粉（見P.68），浸泡在熱水中30分鐘。

2 將400g的牛胸脊肉切成薄片。吸乾血水。

3 取一只碗，將100ml的醬油、80ml的蜂蜜、700ml的水、50g的水梨泥、25g的洋蔥和2瓣蒜片切成末，全部混合均勻。加入胡椒調味。放入肉片，醃漬20分鐘。

4 肉片先瀝掉醃漬的醬汁，再放上銅盤，醬汁倒在銅盤邊的溝槽，在溝槽裡放入100g的金針菇、1顆切絲的洋蔥、100g蔥絲，還有瀝乾水分的冬粉。

5 以大火烤3～6分鐘，時間依據個人喜好調整。

6 起鍋後立即享用。可以直接吃，也可以將烤肉和些許米飯一起包進生菜葉裡享用（見P.33的菜包飯）。

烤牛小排 갈비 손질

烤牛小排（갈비구이，galbi-gui）的「구이（gui）」是燒烤的意思，「갈비（galbi）」則是帶骨牛小排（肋排）。這道菜和烤牛肉一樣受歡迎。雖然調味方式幾乎相同，但牛小排的口感和特殊的風味還是不同於烤牛肉。這道菜的料理方式也可以改用小火慢燉，就成了燉排骨。

 ❶  ❷  ❸  ❹

牛小排的處理方式
要先去除包覆著骨頭的筋膜，以確保口感軟嫩。在肉上切細紋能讓調味醬汁更好入味。將肉切薄則能縮短燒烤時間，會更美味。

牛小排怎麼切？
和烤牛肉相反，牛小排都是整塊下去烤的，食用的時候再切分成小塊。

醃牛肉和牛肉乾

떡갈비

烤牛肉餅

牛小排經過長時間絞碎和揉捏，讓肉質變得軟嫩的同時仍保有嚼勁。以烤牛肉的醃料（見P.46）醃漬後，捏成酥餅大小，以鍋子煎煮或是直火燒烤。這道絞肉料理原本是專門設計給小孩和長者食用的，但時至今日，所有人都以這樣的方式食用。夾在漢堡（見P.111）裡加些辛奇也非常美味。

生拌牛肉（韃靼牛肉） 육회

1 取400g的牛後腿肉，逆紋切成厚0.3公分、長5公分的肉條。以廚房紙巾吸乾血水。將牛肉和1大匙蔥花、2小匙蒜末、1大匙搗碎的烘烤芝麻粒、2大匙糖、4大匙醬油，還有1½大匙的麻油混合均勻。撒上胡椒調味。

2 把松子夾在兩張廚房紙巾中間，用擀麵棍把松子壓碎成松子粉。

3 取1顆水梨切成細條狀。取1瓣蒜頭切薄片。

4 將水梨絲鋪在盤子上，再放上蒜片還有肉。撒上松子粉。

5 可依據個人喜好，放上1顆生蛋黃。

材料

牛肉乾

韓國人非常熱愛乾燥處理的食物，如：魚乾、乾燥蔬菜、乾香菇，尤其是牛肉乾。牛肉乾的製作就是門藝術——利用水果、蜂蜜、醬油和麻油來增添風味，幾乎變成像蜜餞般，拿來下酒相當完美。

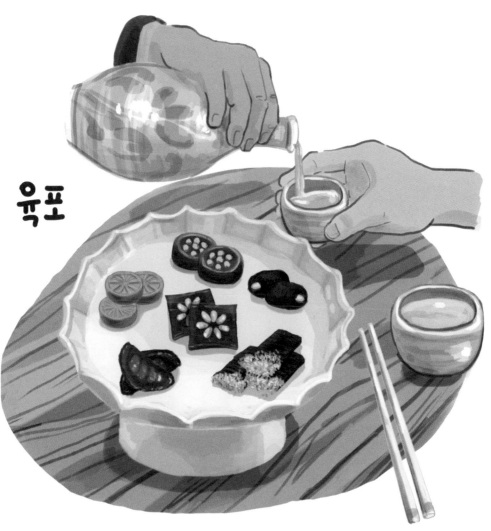

牛肉乾的各種形式

LE PORC ET LE POULET
豬肉和雞肉料理

豬肉和雞肉料理比牛肉料理更常見，不管是工作累了一天之後和同事聚餐或朋友、同學聚會都常是晚餐的首選。許多地方上的小餐廳也都有提供內用或外送豬肉和雞肉料理的服務。

돼지고기와 닭고기

豬肉
삼겹살구이

烤五花肉（及其配料）

這道料理是戰後國家重建時期的象徵性餐點。具有飽足感、價格實惠又美味，這道料理在當時支撐了許多勞工朋友。同時也是一道具有熱鬧溫馨氛圍的餐點，有點類似法國的乳酪燒（raclette）。

簡易作法

편육

片肉（편육，pyeonyuk）是豬頭肉或豬肉薄片製成的肉凍，搭配蝦醬（見P.18）食用。

1 五花肉、蔬菜和水果都切片，和多種醬料（見P.19）還有燒烤爐一起擺放在賓客面前。每個人都能自由地運用肉類和配料，製作出自己的菜包飯（ssam，見P.33）。

2 燒酒（soju，見P.125），甘藷釀製的酒，要讓這道料理更完整，當然不能少了它。

ssam Soju 쌈채소

나박김치

쌈장

삼겹살

84

파채

雞肉

雞啤（炸雞＆啤酒）

炸雞和啤酒是絕配，這個組合之所以以「雞啤（치맥，chimaek）」這個名稱聞名，就是來自炸雞（치킨，chikin）和啤酒（맥주，mekju）的簡稱。

在國外，韓國的調味炸雞有個暱稱叫做「KFC」，也就是「Korea Fried Chicken（韓式炸雞）」。

韓式炸雞的特別之處，在於二次烹調，和薯條一樣。這道料理廣受韓國料理愛好者的歡迎。

치맥

醃蘿蔔塊
치킨무

치킨소스
炸雞沾醬

調味炸雞 / 洋釀炸雞
（炸雞搭配辣味糖醋醬）

양념치킨

 닭

① ② ③ ④

1. 將1.5公斤的雞切成14～16塊。將雞肉塊放入300ml加有鹽和胡椒的牛奶中，放入冰箱醃漬8小時。

2. 混合下列材料：2瓣壓碎的蒜頭、100～150g的辣椒醬、100g的番茄醬、90ml的蜂蜜、2小匙咖哩粉、2大匙醬油、2大匙醋、2大匙麻油及120ml的水。撒上胡椒，在室溫下靜置8小時。

3. 取玉米粉和麵粉各160g，混合均勻後，倒一半至雞肉的牛奶醃料裡。

4. 取一只塑膠袋，倒入剩下的一半玉米粉和麵粉，放入雞肉。封好袋口之後，搖晃袋子直到每塊雞肉都沾滿了裹粉。

5. 起一只溫度170℃的油鍋，雞肉下鍋油炸3～6分鐘。上桌享用前再回鍋炸1～3分鐘。

LE POISSON
魚類料理　생선

魚肉大部分都是曬乾或發酵食用。至於鮮魚，韓國人會毫不猶豫地大老遠跑到港口的餐廳去享用。活魚會養在餐廳的魚缸中，讓顧客現點現殺。

蒸黃花魚（五色黃花魚）

조기찜

굴비

靈光黃花魚乾
黃花魚的鹹魚乾是全羅南道靈光郡的特產，在韓國是非常講究的奢華美食。

清蒸白肉魚，和以蔬菜和蛋皮做成的裝飾配菜（見P.11）搭配，是一道節慶祭祀菜餚。口味清爽、風味細緻、簡單、摩登又健康，也是傳統料理中最美味的菜色之一。

1　取2條400g的黃魚清除內臟、刮除鱗片（如果沒有黃魚，可用鯛魚或鱸魚替代）。在魚的兩面各劃3刀，抹上鹽巴，靜置30分鐘，然後吸乾血水。

2　在蒸盤上鋪上青蔥，魚放在青蔥上。蒸籠水氣沸騰後開始蒸煮15分鐘。

3　準備蛋絲（見P.11）。取1條小黃瓜，削下半條小黃瓜的綠色表皮。準備6顆紅棗乾（或用胡蘿蔔替代）。分別以些許油稍微炒過。

4　在魚上精美地擺放這些裝飾配菜，也可以再加上乾辣椒絲。搭配米飯，趁熱享用。

황태

明太魚乾

一種冬季盛產的鱈魚，在江原道（南韓）經過數週的戶外風乾程序製成魚乾。經過夜裡結霜和白天融霜的過程，肌肉纖維被破壞，讓肉質呈現一致的軟嫩，除了能輕易吸收調味料的風味，也形成令人愉悅的口感。

覆蓋積雪的戶外曬魚場
눈 덮인 덕장

황태구이

烤明太魚乾

회

生吃

生魚片有兩種吃法：經過熟成或直接生吃。韓國人比較偏好前者，比較有嚼勁，後者則是入口即化。冷湯加上生魚薄片的水拌生魚片（見P.95），在夏天是非常受歡迎的吃法。

生魚片（膾）
一整盤的生魚片和搭配的加醋辣椒醬（見P.19）。

LES CRUSTACÉS
甲殼類料理

韓國人熱愛甲殼類料理，無論是熟食、生吃或是醃漬發酵再享用。

醬油蟹（醬油醃生螃蟹）

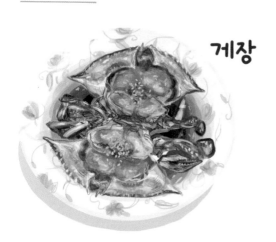

게장

有「白飯小偷」之稱，因為搭配米飯實在太過美味，讓人來不及意識到就已一掃而空。螃蟹肉充滿著鮮味。鮮味是五味中的第五味，能讓食物更增添風味。韓國人通常在春天準備這道讓人上癮的菜色，這時的母蟹正肥美。把米飯直接放入蟹殼享用，不但有趣更是美味的吃法。

韓國常見的海鮮種類

전복 　鮑魚

玉螺　　골뱅이

海鳳梨（海鞘）

멍게　　미더덕　성게　　海膽

柄海鞘

魷魚米腸

오징어순대

| 1 填塞內餡。 | 2 以竹籤封口。 | 3 煮熟。 | 4 切開。 |

1 取2隻400g的魷魚，分離身體和腳。清空身體內部，以清水沖洗乾淨。

2 填料：取一只鍋，加入油，翻炒120g切碎的辛奇（不含醬汁）、120g的洋蔥末，還有經過處理並切碎的魷魚腳，炒至水分收乾。把炒料混入150g煮熟的糯米（見P.31）中，還

有300g壓碎的板豆腐。撒上鹽和胡椒調味。

3 在魷魚身體內部抹上麵粉，塞入填料，稍微留一點空間，然後用竹籤封口。

4 水煮2～3分鐘。起鍋稍微放涼之後，再切成圓片。

魷魚是韓國人最常食用的海鮮，其嚼勁十足的肉質廣受喜愛。魷魚乾或烤魷魚也非常適合當成零食或下酒菜。

테마별 음식

主題式料理

LA CUISINE PAR THÈMES

食物是季節和自然環境的指標。

從料理和飲食習慣下手，可能是了解一個國家文化最好的方式。

LES QUATRE SAISONS
四季

春 봄

春天是採摘野菜、山菜（韓國領土70%是山地）或平地菜的季節。嫩芽富含維生素。人們出發到鄉野去採摘，同時趁冬天過後活動一下筋骨。有首很受歡迎的經典民謠，歌詞內容就是在講述春天是個外出的好時機，讓年輕人們得以相遇。

春天的嫩芽和可食用的花卉

배꽃
梨花

두릅
楤木芽

참나물
茴芹

쑥
艾草

곰취
蹄葉橐吾

유채꽃
油菜花

고사리
蕨菜

달래
野蒜／單花韭

냉이
薺菜

주꾸미

辣醬小章魚

這些小章魚（短蛸）主要棲息
在西海岸。在韓國，章魚以提
振精神的功效著稱。

두견주

杜鵑酒

以杜鵑花增添香氣，糯米釀的酒。

냉이나물

涼拌薺菜

薺菜是一種十字花科的蔬菜，
在春天發芽，在法國也能找
到。

산에 들에 봄나물

為了那些無法親自採摘的民眾，菜商提
供了許多不同種類的新鮮野菜供選擇。

화전과 쑥떡

花煎餅和艾草糕

用杜鵑花和艾草做的迷你
米餅，沾裏蜂蜜享用。也
可以使用梨花和油菜花來
製作。

夏 여름

韓國的夏天很熱且潮濕，有些地區非常炎熱。人們大量攝取解渴的食物，其中稱冠的理所當然是西瓜。

當地夏季的水果和飲品
香瓜、葡萄、西瓜和多穀茶。

多穀茶
烘烤過的大麥等穀物加上牛奶，是充滿營養的飲品。在酷熱天氣下，沒胃口的時候，是相對好入喉的飲品。

賣西瓜的小貨車

擠壓葡萄粒，葡萄會自己剝皮！
韓國的葡萄非常方便食用：只要吸住葡萄粒，再輕輕擠壓一下，果肉就會自己滑進嘴裡。

豆漿冷麵

1 取200g的黃豆洗淨後，在1L的水裡浸泡一整夜。

2 瀝乾水分後，取一只鍋，加入1L的水，以大火烹煮。水煮沸以後，轉成中火再煮10分鐘。

3 瀝乾水分後，把煮熟的黃豆倒進一個大碗中。用冷水沖洗的同時搓揉黃豆、去除表皮。

4 把去皮的黃豆瀝乾，再重新加入800ml的水，用調理機打成汁。用細篩過濾，用力擠壓豆渣榨汁，只留下口感滑順的豆漿。稍微加點鹽，放進冰箱備用。

5 冷麵的部分：依據P.69的步驟烹煮300g的細麵，分裝在4個大碗裡。

6 將豆漿倒入碗中，加入些許小黃瓜絲和1片番茄。鹽另外放旁邊備用，冰涼享用。

韓國人會毫不猶豫地將冰塊加進湯裡，看起來可能很奇怪，但是以夏季的高溫來說，這麼做能夠增進食慾。

평양냉면

平壤冷麵（見P.108）
源自寒冷的北韓，這道夏季料理深受所有韓國人的喜愛，無論北韓或南韓，是兩韓統一的象徵。

삼계탕

蔘雞湯（見P.77）
人蔘對健康的益處自古以來就名聞世界。這是韓國第一個透過絲路出口到全世界的產品。

水拌生魚片
生魚冷湯。魚肉像悠遊在冰涼的甜鹹冷湯中，湯頭裡加入大醬（見P.19）或辣椒粉。

물회

秋 가을

經過充滿果香的夏天後，秋天充滿著松林裡的土壤氣息，還有芋頭和菇類的香氣。新米淡香但甘甜的風味，緩解了對夏季的酷熱記憶。這是個豐收的季節，月亮作為農民仰賴的指引者，受到人們崇敬。

松片

一種米製糕點，原料使用一般圓米，而非糯米，內餡會包預先煮熟的青豆、甜芝麻、栗子或是綠豆沙，放在松針上面進蒸籠蒸熟。搭配柿餅和肉桂調製的飲品「水正果」一起享用，非常美味。

松片是韓國的月餅，富含松葉香氣的米製糕點。

秋夕是慶祝秋收的慶典，整個家族團聚一堂，一起製作月餅。

인삼

人蔘

송이버섯

松茸

토란국

토란

芋頭

牛肉芋頭湯，是秋夕特有的菜色。

은행구이

烤銀杏果串

햅쌀

新米

수정과

水正果，香料和柿餅調製的冬季水果茶（見P.120）。

冬 겨울

韓國的冬天常被霜雪覆蓋成一片銀白,溫度降到-10℃以下的情況也不算少見。如此的白色氛圍,在新年的年糕湯(見P.70)上也能找到,象徵著新年開展了新的空白頁面。在寒冷的天氣下,更彰顯了街頭小吃的白色蒸氣。

떡만둣국
年糕餃子湯

나박김치
白菜蘿蔔片水辛奇(辣味)

燉排骨(牛肉)
갈비찜

煎餅
전

九節坂
구절판

九節坂是一道由九小格組成的菜餚,九小格裡有八格是各式食材,中間則是小麥製的薄餅,每個人可依據個人喜好來選擇配料,製作自己的薄餅捲。

蘿蔔片水辛奇
동치미

年糕湯
떡국

歲饌(세찬,sechan)
韓國的年菜稱為「歲饌」。而餃子在過去被視為奢華的菜餚(儘管今日已是日常的菜餚),因此像新年這樣的盛大節慶時就會準備餃子。

김장 김치 · 수육

新辛奇拼盤：
新辛奇、生蠔、白切豬肉

韓國入冬的一大年度盛事就是醃製越冬辛奇（見P.58），屋子的女主人會準備簡單的餐點給與會者，為了補充精力，餐點包含新一年製作的新辛奇、白切豬肉、生蠔還有燒酒。

食用的時候，每個人各自製作一口捲，加點辛奇、一塊豬肉，生蠔則依據個人喜好加或不加。

동지 팥죽

동치미
（見P.61）

紅豆粥＆蘿蔔片水辛奇

紅豆湯加上湯圓做成的紅豆粥，是道抵禦暗黑能量的料理，人們會在一年夜晚最長的冬至當天食用。相傳惡靈害怕紅色，所以會用紅豆粥潑灑在屋子的角落。

暖心街頭小吃：熱氣騰騰的美味，在街頭直接食用的小點。

호빵

군고구마

蒸包
有內餡，用蒸的包子。

糖餅
黑糖內餡的煎餅（見P.107）。

烤地瓜

LES GRANDS RITUELS FAMILIAUX
家族慶典
가족 행사

家庭是韓國人生活的重心。受到儒家思想影響，家族慶典對於韓國人來說非常重要，慶典的餐點則象徵著心靈和物質生活上的幸福。色彩鮮艷的餐點和裝飾的部分都遵循著五方色（見P.10）的信仰。

婚禮的幣帛膳食　이바지 음식

결혼식

芝麻糖　깨강정

魚乾　어포

紅棗夾松子　대추초

茶點　다식

銀杏果串　은행

松葉串松子　잣솔

蜜漬桔梗根　도라지 정과

牛肉乾　육포

柿餅核桃捲　곶감쌈

幣帛儀式（婚禮拜見公婆的儀式）

폐백

現今的韓國婚禮多半採西式婚禮方式進行。相對於此，拜見公婆的幣帛儀式則採韓國傳統方式進行。儀式包含敬酒和接棗子遊戲，接棗子象徵允諾生下子嗣和祈求幸福。而桌上的餐點，也就是幣帛膳食，是由女方家送來的，裡面的食物通常經過乾燥或糖漬處理。

ANNIVERSAIRES
生日
생일

若說在法國，人們每年的生日都一樣重要的話（雖然每逢十年的整數還是稍微重要一點），那麼在韓國，則是出生滿百日、滿周歲和晚年的生日（滿60歲及70歲）才是真的會以節慶餐點和蛋糕好好慶祝的。

周歲宴 **돌상**

五色松片 和諧。

白米蒸糕
光明、純潔和
長壽。

紅豆糕
驅邪避凶。

麵線 長壽。

紅棗 子嗣。

白米 富足。

其他歲數的生日餐點比較樸素，像是海帶湯或是象徵長壽的長麵線。不過現代則是變得少不了西式蛋糕。

周歲桌擺放的物品

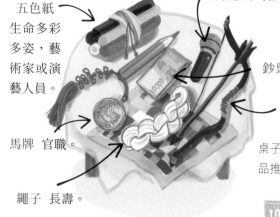

麥克風 名人。

五色紙
生命多彩
多姿，藝
術家或演
藝人員。

鈔票 財富。

弓箭 勇氣。

馬牌 官職。

繩子 長壽。

환갑

花甲壽宴（60歲生日）

將甜點、糖果和水果堆成塔狀，顯示出生日宴的豪華。

桌子會放在寶寶面前，依據寶寶抓取的物品推測他未來的發展。

DÉCÈS ET OFFRANDES AUX ANCÊTRES DÉFUNTS
葬禮與祭祖

韓國人對長者和祖先特別懷抱敬意。

葬禮飲食

葬禮期間會提供賓客葬禮餐點。雖然沒有硬性規定，但最常見的餐點就是辣牛肉湯（見P.77）。現今則以茶水和致謝的小糕點代替。

장례 음식

제사상

祭祖飲食

供奉已故的祖先和奉養在世的父母一樣重要。祭祖有許多嚴謹的禮節要遵守。雖然準備工作日益輕鬆，但這些禮節還是一直延續至今。

水果削開去頭去尾，讓香氣散去，因為韓國人相信靈魂是以香氣來餵養的。

不能擺放桃子，因為桃子會驅趕鬼魂，也包含了祖先的靈魂。

1-9：米飯、麵類、高湯和酒類。

10-14：肉類和魚類。

15-17：肉類、蔬菜和魚的湯品。

18-22：魚乾、蔬食小菜和發酵醬料。

23-28：水果和甜點。

SACHAL EUMSIK, LA CUISINE DU TEMPLE
寺院料理　　사찰 음식

佛教曾在韓國盛行1200年，留下蔬食的傳統還有簡食的哲學。雖然現代飲食中肉類的比重日益增多，但以蔬菜為主的料理在韓國還是占大宗。

今時今日，寺院敞開大門，迎接所有想學習寺院料理的人們，吸引愈來愈多人前往。

一般大眾餐廳的素齋

醃漬牛蒡　　辣拌沙蔘　　醃蓮藕　　糖醋蔬菜炸豆腐

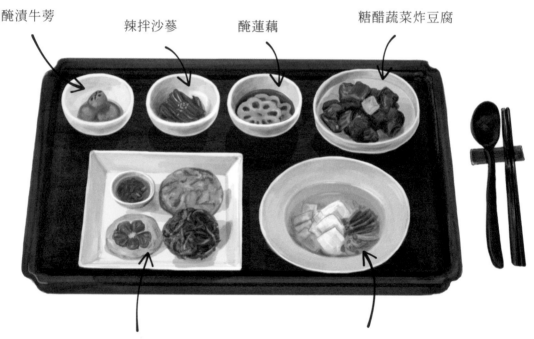

蔬菜和花卉煎餅佐沾醬　　春野菜綠豆涼粉湯

一般餐廳的素齋和寺院料理相較起來，比較講究，菜色也比較多樣化。

104

© Cultural Corps of Korean Buddhism

炸海苔脆片 （海苔裹上糯米油炸）

1. 取1片海苔，抹上1大匙煮熟的糯米。靜置乾燥。趁軟的時候切成4公分大小，再靜置至完全乾燥。

2. 起油鍋，油溫加熱至180℃，把海苔放入炸20秒後起鍋，撒鹽調味。

부각

禮節：用餐前的反思

這些食物的來源？

我值得享用這些食物嗎？

感謝栽種這些食物的農民們。

我領受這餐作為給身體的藥方，進而求取智慧。

발우공양

蓮花茶

這道茶品會用大碗呈現，茶裡有朵完整的蓮花。蓮花是佛教的象徵，有很多種食用的方式：蓮花和蓮葉能沖泡花草茶，蓮子可做成乾果，蓮藕則可當作蔬菜食用。

연꽃잎차

길거리 음식

LA STREET FOOD 街頭小吃

孩童、青少年、長者或趕時間的上班族等等，每個人都有充分的理由來品嚐這充滿異國風情、有趣又經濟實惠的街頭小吃。

各式街頭小吃

계란빵
韓式雞蛋糕

떡볶이
辣炒年糕

핫도그
韓式炸熱狗

회오리감자
龍捲風洋芋片

순대
血腸

糖餅 （黑糖內餡的煎餅）

1 取一個大碗，放入75g的黑糖、15g壓細碎的烘烤花生粒、½～1小匙的肉桂粉，攪拌均勻。靜置備用。

2 取一只沙拉盆，混合200g的T55麵粉（中筋麵粉）和40g的糯米粉，將活性酵母加入25ml的水，混合均勻再倒入，另外再加170ml的溫水。揉捏麵糰，麵糰會很黏手！覆蓋麵糰，靜置於溫暖處，讓酵母發酵。

3 等到體積發酵到原來的兩倍大後，以小火熱鍋，倒入大量的油，手上也沾滿油。

4 抓一坨跟蛋差不多大小的麵糰，放在手掌心上，中間挖洞塞入1大匙餡料包起來。放入鍋中煎30秒，然後翻面，用壓餅器壓扁。繼續煎2～3分鐘，直到糖餅呈現金黃色澤，起鍋後趁熱享用。

호떡

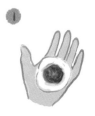 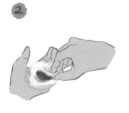  

LES SPÉCIALITÉS DE CORÉE DU NORD
北韓特產

북한요리

即使分成南北韓，但兩韓其實承襲了相同的料理方式。南韓的人民對於北韓的料理非常感興趣，由逃離北韓的難民所經營的特色餐廳相當受歡迎。

平壤冷麵

這道料理原本是北韓平壤的冬令料理，現在卻成了南韓夏季著名的美食。有許多自詡為能嚐出湯頭美味的美食家，覺得這道料理湯頭風味細緻，但也有人覺得味道過於平淡。

作法

1 混合750ml的牛肉高湯（見P.37）和750ml的蘿蔔片水辛奇汁（見P.61）。以清醬（見P.55）和鹽重新調味。放入冰箱備用。

2 將牛肉高湯裡的牛肉切薄片。2顆水煮蛋對半切。並將200g的小黃瓜和150g的蘿蔔片水辛奇也切成薄片。

3 將240g的冷麵特製蕎麥麵煮熟後，以大量冷水沖洗。

4 麵條分別放入4個大碗，倒入高湯並放上配料。享用的時候旁邊放醋和芥末，供想吃重口味的人自行調味。

咸興冷麵，咸鏡南道咸興市當地以馬鈴薯澱粉製成的冷麵。

냉면

平壤冷麵

아바이순대

阿爸血腸（包著糯米和蔬菜的血腸）是束草市阿爸村的特產，該地收容了韓戰時來自北韓的難民。

南北韓辛奇的差異

南韓的辛奇配料較多，顏色也比較紅（因為辣椒的關係）。
從韓戰結束以來，北韓一直是封閉的國家；正因如此，北
韓以其方式保存了戰前的韓國料理樣貌。

N　　　S

開城料理　개성요리

開城以前是高麗王朝的首都，以料理的精緻度聞名。有些食譜仍流傳了下來，南韓也保留
了部分。

보쌈김치

包捲辛奇

整顆白菜的辛奇福袋

개성약과

開城藥菓

香料千層酥餅

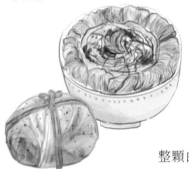

칠면조말이구이

烤火雞肉捲

是近年來北韓料理的新趨勢。容易飼養的火雞成
為廣受歡迎的肉品。

편수

開城片水

方形蒸餃

LES PLATS D'AiLLEURS
外來美食

외래 음식

有些韓國料理承襲自其他國家。

炸醬麵

짜장면

黑色醬料的麵，這道料理是20世紀初
由移民到韓國的中國人傳入的。是韓
國人最喜愛的料理之一，尤其受孩童
歡迎。

炒碼麵
這道辣味海鮮湯麵源於中國，
是經由日本傳到韓國的。

춘장

春醬（甜麵醬）

醃黃蘿蔔
단무지

韃靼牛肉

這道料理要追溯到8世紀，成吉思汗帝國時期不只將生食牛肉
的習慣傳到了西方，甚至也傳到了東方，包含韓國。韓式作法
具有麻油的香氣和水梨的甘甜，和法式食譜有所區別（見P.82的
生拌牛肉）。

잡채고로케

雜菜可樂餅

包蔬菜和冬粉油炸的可樂餅。可樂餅（croquette）源自比利時，原指酥脆的炸物。不只在日本發展出自己的配方，後續傳至韓國後，也演進成不同的版本，放入不同的餡料，也就是炒雜菜（見P.69）。

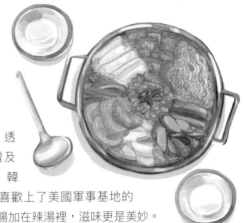

부대찌개

部隊鍋

韓戰期間，透過物資捐贈及以物易物，韓國人接觸並喜歡上了美國軍事基地的食品，將香腸加在辣湯裡，滋味更是美妙。

拉麵（泡麵）

拉麵的起源是使用美國基於人道主義而援助的麵粉，加上日式配方，為了撫慰戰後的韓國人而製造的產品，但直到現在都還是很受歡迎，而且也研發出了新口味。

라면

불고기버거

치즈떡볶이

起司辣炒年糕

起司是近年來才傳入韓國的，起司因其溫和且多層次的風味，快速地征服了年輕世代。

烤牛肉漢堡

漢堡是最著名的美國街頭小吃，在韓國演化出烤牛肉風味版本（見P.82）。

LES ALIMENTS PORTE-BONHEUR
開運食物

在韓國，學業成功就是職場成功的保證，所以大學入學考試就顯得非常關鍵。這樣的重要性也衍生出了許多非理性的迷信，進而在某些食物上冠上了特定的象徵。

考生禁忌飲食　수능 금기 음식

海帶湯（象徵著不穩定的湯）
海帶湯因為好消化又富含營養價值，是非常值得推薦的食物。但是在考試期間必須避免食用，因為海帶的滑溜象徵著失足滑倒，就和香蕉一樣。

荷包蛋或者是圓形的小餐包，因為形狀就和零分的0一樣，被認為會招來厄運，也就是爛成績。

祈求考運的食物 수능 합격 기원 음식

盒裝飴糖

接近考試日期時，人們會互送祈求好運的禮物，其中最受歡迎的就是飴糖和糯米糕了。

製作飴糖

取一只鍋，以中火加熱大米糖漿，讓糖漿濃縮，同時一邊攪拌。等到糖漿變稠之後，混入一些果乾（芝麻、花生等等）。把糖漿倒在鋪好一層的黃豆粉或馬鈴薯澱粉上，用粉裹住糖漿，一邊用刀切小塊，一邊裹粉避免沾黏，放入冰箱保存。

糯米糕

希望能借助糯米黏黏的特性，緊抓住考試。

巧克力

贈送能補充能量的巧克力，是比較合理的新趨勢。

다과와 음료

甜點和飲品

PÂTISSERIES ET BOISSONS

在過去，酒和甜點是韓國習俗的一部分，搭配著許多節慶儀式。

因為精緻的外觀及多種色彩的特性，在這些節慶儀式裡，甜點與這些典禮儀式或家族活動的象徵意義息息相關。

現今則是西方的甜點文化引起了愛好美食的韓國人好奇，而且很快地就被接受了。

TTEOK, GÂTEAUX DE RIZ, ET GWAJUL, PÂTISSERIES
米製糕點和傳統韓菓

雖說韓國並沒有享用飯後甜點的習慣，但卻有許多搭配茶或酒的精緻糕點。主要的原料是米和蔬果，不僅僅是水果，也使用植物根莖，比方說醃漬蘿蔔、桔梗根或是蓮藕。但鮮少使用麵粉。

米製糕點 떡

백설기
白米蒸糕 / 白雪糕

시루떡
紅豆沙蒸糕

절편
切糕
艾草風味的軟米糕。

영양떡
營養糕
加入黃豆和栗子的軟米糕。

증편
蒸片
加入馬格利酒（米釀啤酒）製成的軟米糕。

오색경단
五色糯米糰
表面裹著多種顏色粉末的糯米糰子。

약식
藥食
加入果乾和香料調味的韓式八寶糕。

인절미
黃豆粉年糕
表面裹上炒過的黃豆粉的年糕。

개성주악
開城炸糯米糰
浸漬大米糖漿的油炸糯米糰。

製作黃豆粉年糕

1 取一只玻璃碗，混合300g的糯米粉和320ml的熱水，加入2小撮鹽。加蓋之後，放入微波爐加熱6分鐘，糯米糰加熱結束後，應呈現半透明狀。靜置放涼數分鐘。

2 取一塊砧板，撒上10大匙炒過的黃豆粉，鋪平。刮勺沾濕後，將糯米糰取出至於砧板上，切成長寬4公分、厚1.5公分的塊狀，切的過程中讓糯米糰和刀子都沾取黃豆粉，以避免沾黏。

傳統韓菓 과즐

타래과
麻花菓
加入薑或人蔘的炸麵糰。

유과
油菓
以大米糖漿浸漬的炸米菓。

약과
藥菓
麵粉製的蜂蜜香料酥餅。

다식
茶點
加入彩色粉末的小茶點。

율란
栗卵
以松子裝飾的栗子糕。

곶감쌈
柿餅核桃糖
柿餅鑲核桃。

모과편 / 오미자편
木梨凍&五味子凍

유자단자
柚香糰子
綠豆沙加上柚子做成的糰子。

배오미자 정과
五味子蜜漬梨片
五味子汁漬水梨片。

製作柿餅核桃糖 (곶감쌈，gotgamssam)

從頂部切開柿餅（最好是半乾柿餅）。繞著開口處塞滿去殼也去皮的核桃。放入冰箱讓柿乾變硬。享用的時候，再取出來切成圓片。

HWACHAE ET BiNGSU
花菜和刨冰

花菜（화채，hwachae）是韓國傳統甜湯的統稱，而「화（hwa）」就是花的意思。這些甜湯色彩鮮艷，口味酸甜清爽，夏天的時候冰涼飲用，冬天則可做成熱飲。

柚子花菜（柚子水果甜湯）

1 取一個大碗，將1～2顆切碎的柚子果肉和60g的糖混合均勻。

2 柚子皮切細絲。削1顆水梨，切成0.2公分的細條狀。挖出半顆石榴的籽，混入柚子果肉中。倒入600ml的冰水，攪拌均勻。在表面撒上幾顆松子，冰涼享用。

유자화채

유자단지

柚子盅（糖漬柚子盅甜湯）

這是一道非常講究的甜點。將栗子、紅棗乾和木耳，全部都刨成細絲，混合之後再塞進柚子裡。接著把柚子泡在糖水裡數日。享用的時候加水稀釋。

배숙

梨熟
薑汁煮水梨再加上黑胡椒粒。

刨冰（多種配料） **빙수**

不可或缺的夏季美食之一。可以有各種配料組合，但基底是相同的。將清水或牛奶做成的冰塊刨成碎冰，淋上水果糖漿或是煉乳。灑上新鮮水果或蜜餞、也可以加年糕、蜜豆、餅乾或是巧克力刨片等等。

最受歡迎的配料

西瓜

芒果

草莓

黃豆粉年糕（見P.117）
인절미

炒過的黃豆粉
콩가루

蜜紅豆
단팥

餅乾或巧克力刨片

BOISSONS SUCRÉES
傳統飲品

전통음료

這些飲品有糖和無糖都一樣好喝。傳統上這些飲品都有醫藥療效。以前的甜味是靠蜂蜜，但現在大多用糖來取代。

五味子花菜（五味子花草茶）

오미자화채

五味子漿果

2 杜鵑花或水梨，
可都加。

五味子因為具有漂亮的紅色、酸酸甜甜的滋味，加上斂肺的藥效，經常被用於製作飲品。使用時，為了讓甜味更明顯，會先將果乾泡在冷水裡一整夜。

水正果（香料和柿餅調製的冬季水果茶）

冬季的冷飲。

1 將60g的薑片和60g的肉桂棒，分別浸泡至1.2L的水，加蓋以中火煮30分鐘。

2 分別過濾後，倒入鍋中混合，加入35g的黑糖和65g的白糖，加蓋再煮10分鐘。放涼之後再混入200～250g的半乾柿餅。放進冰箱裡直到柿餅軟化。

3 撒上一些松子，連柿餅一起冰涼享用。

수정과

發酵飲品 발효음료

모과차

木梨酵素（木梨糖漿）

韓語的「청（cheong）」指的是可用熱水沖泡或是用於甜鹹料理的蔬果酵素。這種保存方式沒有經過烹煮，更能保存所使用的植物的香氣。梅子酵素（梅子醋，見P.18）和生薑酵素（薑醬）也是用同樣的方式製作的。

酒麴

甘酒（酒麴發酵的甜米湯）

發酵時間短的米酒（見P.125）衍生飲品。帶有自然甜味的氣泡飲品，酒精含量很低，孩童也能飲用。

製作木梨酵素

1. 取一只碗，用200g的槐花蜜浸漬200g刨絲的木梨。全部倒入500ml的寬口罐中密封。

2. 在室溫下浸漬1個月，浸漬的第一個月，每兩天搖晃罐子一次，繼續精煉兩個月，直到過濾後的質地如糖漿般。

3. 以熱水沖泡酵素，用量依據個人口味調整。

4. 完成的酵素可存放數個月。

麥芽

多虧了胚芽的澱粉酶，讓米釀出一種乳白色的甜飲——甜米釀，外觀看起來和甘酒相似。

THÉS ET INFUSIONS
茶葉和花草茶　　차

茶基本上與佛教精神相關，在寧靜中享受茶葉的細緻風味。所有茶葉種類當中，韓國人最常飲用的是綠茶。

茶具 다구

茶杯
찻잔

茶罐
차통

다관
茶壺

개반
蓋置

숙우 茶盅
在倒入個別小杯前，
調節茶溫的容器。

3種茶葉類型

녹차
綠茶茶葉

감잎차
柿葉茶

콩잎차
大豆葉茶

藥用花草茶

飲用花草茶有益健康。有許多花草的漿果、花和根都具有療效，像著名的人蔘。有茶館專營此類花草茶，有的甚至是能當場提供保健建議。

菊花茶　　　　　枸杞茶

日常飲品

整天不管什麼時段都能飲用的沖泡茶。
最常見的是麥茶或是鍋巴水。

鍋巴水

1 用鍋子煮飯時，可以把鍋底的鍋巴收集起來晾乾，或是直接倒水到鍋巴上。

2 用大量的水煮鍋巴，直到水變成半透明的白色。於餐後飲用，鍋巴也可以一起吃下。

市售的罐裝茶或花草茶
在便利商店裡放置無糖飲料的架上，提供許多食品工廠量產的茶飲選擇。

麥茶

1 將完整的麥粒沖洗後瀝乾。取一只鍋，大火邊攪拌邊炒1分鐘，炒乾麥粒，接著轉小火，邊攪拌邊炒至麥粒變成金黃色，靜置放涼。

2 取1L的水和4大匙炒過的麥粒，加蓋煮沸，接著轉小火繼續滾沸10～15分鐘。溫熱飲用或冰涼飲用皆可。

LES ALCOOLS
酒精飲料　술

韓國人對於發酵的熱愛在酒精飲料也不遑多讓。每個富裕的家庭都留有祖傳的釀酒秘方，就和辛奇一樣。韓國目前最受歡迎的酒是啤酒、燒酒、馬格利酒，以及上述這些基酒調製的雞尾酒，不過那些被遺忘的傳統釀酒秘方也有回歸潮流的趨勢。

酒麴

賦予酒風味的酵母。在韓國，傳統的酒大多是以五穀雜糧釀製的。五穀雜糧要發酵成酒，就要先從製作酒麴開始，酒麴是韓國的釀酒酵母，使用綠豆、麥子、高粱、小米、大麥或米製成。

接著米透過酵母發酵，過濾之後就可以獲得乳白色的液體——馬格利酒，酒精濃度大約7度，風味算溫和，帶些許氣泡。如果繼續發酵久一點，大概一百天，就會得到清澈透明的酒液，也就是藥酒（韓國清酒），這種酒比較名貴，酒精濃度大約在13～16度之間。

韓國釀酒方法

1 製作酵母：酒麴。

2 將米和加水還原的酒麴混合在一起。

3 放在酒甕裡，然後加水。

4 發酵（放久一點就能獲得清澈的酒液）。

5 過濾。

米
麥
15 天
酒麴 누룩
30 天
米糠
水
熟飯
30℃
2~3天
100 天
4~14 天
竹篩
馬格利酒 막걸리
이화주 梨花酒
藥酒 약주

需要使用湯匙飲用的酒

124

草莓酒：簡單的燒酒飲品

딸기주

草莓酒
將草莓浸漬在
燒酒裡。

酒桌
喝酒專用桌子。

1 將500g的草莓每顆切成2～3片，準備150g的糖，把草莓和糖交疊放入寬口罐中，密封罐子，放置一整天讓糖溶解。

2 倒入1L的燒酒（酒精濃度25度以上），密封罐子。放在避開光源的陰涼處，浸漬2週。

3 用篩子過濾掉草莓，接著用咖啡濾紙濾出酒液，把過濾出來的酒液倒進罐子裡，再熟成一個月。

傳統燒酒是用藥酒（韓國清酒）蒸餾而成的。

소주

現今的燒酒多半由工廠製造，是用發酵產生的乙醇稀釋製成的。價格便宜，也很受歡迎。

手工釀製的燒酒

韓國人大量飲用的燒酒

酒漬水果

水果可以是一開始就浸漬在裡面跟著一起發酵，也可以是釀成酒之後再加入。加入酒中的水果種類，比較著名的有覆盆子、山葡萄或是梅子。

水果酒

百分百水果釀造，如：桃子、柿子、蘋果或五味子等等，對韓國人來說是新興的酒類，受到愈來愈多的年輕人喜愛。

오미자와인

INDEX
食材索引

完成這部作品的同時，我想表達對Mango出版社編輯歐荷麗(Aurélie)的感謝。也要大大感謝安芝(Ahnji)的插畫作品，讓這本作品能如虎添翼。同時也要謝謝布麗吉特(Brigitte)和史蒂夫(Steve)，給了我許多寶貴的建議，當然更不能忘了Jun在這部作品創作的期間對我的支持。

——露娜·京(Luna Kyung)

我很開心能跟所有的讀者們分享這個企劃，特別感謝歐荷麗(Aurélie)和絲勒凡(Sylvaine)，讓這個企劃能得以實現。

大大感謝露娜(Luna)給我機會能參與這項美好的企劃。

謝謝我的妹妹Hyo-Eun手寫了書中的韓語標題，也謝謝我的父母和朋友們，激發了我描繪書中人物的靈感。

——安芝(Ahnji)

國家圖書館出版品預行編目(CIP)資料

圖繪韓國料理/ 露娜·京(Luna Kyung)著. 安芝(Ahnji)繪. 黃意閔 譯.
-- 初版. -- 臺北市: 大塊文化, 2022.02
128面; 16.8×21.47公分. -- (catch; 278)
譯自: La cuisine coréenne illustrée
ISBN 978-986-0777-94-9(平裝)

1.食譜 2.飲食風俗 3.韓國
427.132   110022260

catch 278

圖繪韓國料理
LA CUISINE CORÉENNE ILLUSTRÉE

作者 露娜·京(Luna Kyung)｜繪者 安芝(Ahnji)｜譯者 黃意閔｜責任編輯 陳柔君｜韓文校對 徐立雅｜整體美術設計 謝捲子｜出版者 大塊文化出版股份有限公司｜105022台北市南京東路四段25號11樓｜www.locuspublishing.com｜讀者服務專線 0800-006-689｜TEL (02)8712-3898｜FAX (02)8712-3897｜郵撥帳號 1895-5675｜戶名 大塊文化出版股份有限公司｜法律顧問 董安丹律師、顧慕堯律師｜總經銷 大和書報圖書股份有限公司｜地址 新北市新莊區五工五路2號｜TEL (02)8990-2588

初版一刷 2022年2月
定　　價 新台幣350元
ISBN 978-986-0777-94-9

LA CUISINE CORÉENNE ILLUSTRÉE(ISBN 9782317026744)
By Luna Kyung (author) and Ahnji (illustrator)
© First published in French by Mango, Paris, France - 2021
Complex Chinese translation rights arranged through Grayhawk Agency